高等职业教育"互联网+"新形态一体化教材

变配电运维与检修

主　编　廖自强　鲁爱斌
参　编　张园园　黄　娜　汪　洋　韩　磊　宋梦琼
　　　　彭　宇　余胜康　苏　伟　沈　洁　艾艳荣
　　　　罗福玲　刘诗涵　李媛媛　耿亚男　孔婧怡

机械工业出版社

为加强校企融合，促进高职院校学生技能水平和职业素质提升，由高职院校、企业、工程施工单位等从事电力技术类专业教学和变配电运维、检修的专家，共同编写了本书。

本书共分为 7 个项目，内容包括 23 个任务、9 个知识点。主要内容包括变电站一、二次设备巡视，设备缺陷判断及处理，设备及安全工器具使用和维护，线路、母线、主变压器、站用电系统倒闸操作，线路、断路器、站用电系统典型故障分析判断及处理，开关柜设备维护性检修、试验和保护校验等。

本书主要供高职院校电力技术类专业使用，也可以作为变配电运维现场人员技能培训参考书。

为方便教学，本书配有电子课件、习题答案、教学视频等资料，凡选用本书作为教材的学校，均可登录机械工业出版社教育服务网（www.cmpedu.com）或致电免费索取。联系电话：010-88379375。

图书在版编目（CIP）数据

变配电运维与检修 / 廖自强，鲁爱斌主编 . — 北京：机械工业出版社，2021.10（2024.8 重印）

高等职业教育"互联网 +"新形态一体化教材

ISBN 978-7-111-69252-2

Ⅰ . ①变 … Ⅱ . ①廖 … ②鲁 … Ⅲ . ①变电所 – 配电系统 – 电力系统运行 – 高等职业教育 – 教材 ②变电所 – 配电系统 – 检修 – 高等职业教育 – 教材 Ⅳ . ① TM63

中国版本图书馆 CIP 数据核字（2021）第 200953 号

机械工业出版社（北京市百万庄大街 22 号　邮政编码 100037）

策划编辑：高亚云　　　　　　责任编辑：高亚云　王宗锋
责任校对：郑　婕　李　婷　　封面设计：王　旭
责任印制：刘　媛

涿州市般润文化传播有限公司印刷

2024 年 8 月第 1 版第 3 次印刷
184mm×260mm • 18.5 印张 • 437 千字
标准书号：ISBN 978-7-111-69252-2
定价：65.00 元

电话服务　　　　　　　　　　网络服务

客服电话：010-88361066　　机 工 官 网：www.cmpbook.com
　　　　　010-88379833　　机 工 官 博：weibo.com/cmp1952
　　　　　010-68326294　　金 书 　 网：www.golden-book.com
封底无防伪标均为盗版　　机工教育服务网：www.cmpedu.com

前　言

校企合作、产教融合是我国职业教育的发展方向。为落实"三教"改革，提高高职院校电力技术类专业教学质量，组织编写了本书。

本书是高职院校发电厂及电力系统专业的专业课程教材。在本书编写过程中，突出职业教育的教育性与职业性，围绕产业需要设置教材内容，并以工作过程为导向，依据典型工作任务设置课程情境。教材以行动式教学模式为基础，以学生主动学习为出发点，突出实操技能训练。本书有变配电运维检修实训平台配套，所选取实训项目与标准生产流程和工艺要求相结合，各任务均有规范要求，确保可执行、可考核，有效评估学习效果，形成学习闭环。

本书采用任务驱动的行动式教学体例。知识导入以技能岗位下具体任务为导向，任务训练中实现知识学习和技能训练高度融合。选取的任务都是生产过程中的真任务、真项目，且具有专业知识和技能的代表性。真做实练激发学习动机，具有目标引领、任务驱动、突出能力、内容实用、做学一体的特点。

本书编写人员既有长期从事职业教育、职业培训工作的教师，也有来自生产一线的生产技能专家。由于编写工作模式新，工作涉及面广，书中难免存在缺点和不足之处，恳请读者批评指正。

编　者

实训项目导引图

变配电运维与检修

项目1 设备巡视及缺陷定性
- 知识点1 设备巡视原则及要求
- 任务1 一次设备全面巡视
- 任务2 二次设备全面巡视
- 知识点2 设备缺陷管理
- 任务3 设备缺陷定性

项目2 设备维护
- 知识点 设备维护项目
- 任务1 开关柜维护
  - 开关柜加热器更换
  - 开关柜储能电源开关更换
  - 开关柜保护定值、压板核对
- 任务2 安全工器具维护

项目3 倒闸操作
- 知识点 倒闸操作原则及方法
- 任务1 线路停送电操作
- 任务2 母线停送电操作
- 任务3 变压器停送电操作
- 任务4 站用交直流系统停电操作

项目4 异常、故障处理
- 知识点1 异常、故障处理原则及方法
- 知识点2 变电站保护配置
- 任务1 断路器异常、线路故障处理
- 任务2 互感器异常、母线故障处理
- 任务3 变压器异常、故障处理
- 任务4 站用交直流系统故障处理

项目5 开关柜检修
- 断路器控制回路故障排查
- 储能回路故障排查
- 二次回路开入故障排查
- 机械故障排查
- 任务4 开关柜处缺
- 知识点 检修要求、工作票填写
- 任务1 开关柜专业巡视和例行检查
- 任务2 开关柜部件更换
- 任务3 开关柜重要元件更换
- 知识点2 开关柜二次回路

项目6 开关柜试验
- 知识点 试验要求、方法
- 任务1 开关柜直流电阻测量
- 任务2 开关柜绝缘电阻测量
- 任务3 断路器机械特性试验

项目7 保护校验
- 知识点 开关柜交直流回路检验
- 任务1 开关柜交直流回路检验
- 任务2 开关柜电流保护装置校验
- 任务3 电流保护及重合闸整定

二维码索引

名称	二维码	页码	名称	二维码	页码
变压器巡视		6	开关柜试验		108
更换加热器		28	保护校验		120
倒闸操作		38	10kV西纺线由检修转运行		任务书50
异常及故障处理流程		50	#1主变由运行转检修		任务书56
开关柜检修		100	#1主变由检修转运行		任务书58

目　录

前言
实训项目导引图
二维码索引

项目 1　设备巡视及缺陷定性

01

知识点 1　设备巡视原则及要求 1
任务 1　　一次设备全面巡视 4
任务 2　　二次设备全面巡视 10
知识点 2　设备缺陷管理 14
任务 3　设备缺陷定性 17

项目 2　设备维护

02

知识点　设备维护项目 21
任务 1　开关柜维护 26
任务 2　安全工器具维护 31

项目 3　倒闸操作

03

知识点　倒闸操作原则及方法 35
任务 1　线路停送电操作 39
任务 2　母线停送电操作 42
任务 3　变压器停送电操作 45
任务 4　站用交直流系统停送电操作 47

项目 4　异常、故障处理

04

知识点 1　异常、故障处理原则及方法 49
知识点 2　变电站保护配置 53

任务1　断路器异常、线路故障处理 56
　　任务2　互感器异常、母线故障处理 60
　　任务3　变压器异常、故障处理 63
　　任务4　站用交直流系统故障处理 66

项目5　开关柜检修

知识点1　检修要求、工作票填写 69
任务1　开关柜专业巡视和例行检查 77
任务2　开关柜部件更换 85
任务3　开关柜重要元件更换 88
知识点2　开关柜二次回路 94
任务4　开关柜处缺 100

项目6　开关柜试验

知识点　试验要求、方法 104
任务1　开关柜直流电阻测量 109
任务2　开关柜绝缘电阻测量 112
任务3　断路器机械特性试验 115

项目7　保护校验

任务1　开关柜交直流回路检验 118
任务2　开关柜电流保护装置校验 121
任务3　电流保护及重合闸整定 123

变配电运维与检修(任务书)

项目 1

设备巡视及缺陷定性

知识点 1　设备巡视原则及要求

▶ 学习目标 ◀

（1）能表述设备巡视制度、巡视基本要求。
（2）能表述巡视分类和巡视周期。
（3）能表述巡视流程、巡视方法及安全注意事项。

▶ 知识点 ◀

（1）巡视作用和要求。
（2）例行巡视、全面巡视、特殊巡视。
（3）巡视危险点分析及措施制订。

▶ 课时计划 ◀

2 课时。

一、设备巡视制度

1. 设备巡视基本要求

（1）负责所辖变电站的现场设备巡视工作，应结合每月停电检修计划、带电检测、设备消缺维护等工作统筹组织实施，提高运维质量和效率。

（2）巡视时应按照现场标准化作业的要求使用巡视卡。

（3）巡视中如有紧急情况，应立即停止巡视，参与异常及故障处理。处理完成后，再继续巡视。

（4）班长、副班长和专业工程师每月应至少参加一次巡视，监督、考核巡视检查质量。

（5）对于不具备可靠的自动监视和告警系统的设备，应适当增加巡视次数。

（6）巡视设备时应着工作服，正确佩戴安全帽。雷雨天气必须巡视时应穿绝缘靴、着雨衣，不得靠近避雷器和避雷针，不得触碰设备、架构。

（7）为确保夜间巡视安全，变电站应具备完善的照明。

（8）现场巡视工器具应合格、齐备。

（9）备用设备应按照运行设备的要求进行巡视。

2. 变电站设备巡视周期

按照变电站类型，实施差异化运检。变电站巡视周期一般为：
（1）例行巡视：每两周不少于1次。
（2）全面巡视：每两月不少于1次。
（3）专业巡视：每年不少于1次。
（4）夜间巡视：每月不少于1次。
（5）特殊巡视：大风、雷雨后，冰雪异常天气，新设备投运，设备缺陷发展时，设备发生过载、系统冲击等情况时，保电时期，设备经过检修、改造或长期停运后重新投入运行后，系统供电可靠性下降或存在发生较大事故风险时段。

3. 巡视流程

（1）制订巡视计划：根据巡视周期和实际运行情况，制订计划，安排巡视任务。
（2）巡视前准备：巡视前，准备好标准化巡视作业指导卡及足够的巡视工器具。
（3）现场巡视：巡视人员必须严格按照规程要求，认真负责，仔细检查设备并记录；发现严重及危急缺陷，应及时汇报调度及上级。
（4）总结归档：巡视完成后应清理现场、将工器具还原；在系统上登记巡视结果及相关记录。

4. 巡视方法

巡视设备一般主要从设备外观、标识、机械结构、密封性、金属连接、绝缘状况、运行声音、气味、发热以及监控表计等方面检查设备是否健康运行。
（1）目测：检查可见的设备部位；检查设备标识是否正确；检查是否存在变形，接头松动、断股，发热变色、冒烟着火，渗漏，污秽腐蚀，磨损等异常情况；检查表计指示是否正常。
（2）耳听：判断设备运行发出的声音是否正常，可与正常运行声音比较分析。
（3）鼻嗅：通过气味判断设备是否发生过热、放电情况。
（4）触试：用手触试设备非带电部位，检查是否发生过热、振动加剧等情况。
（5）仪器检测：通过红外测温仪、在线监测装置发现设备异常。

二、巡视工作要求

（1）巡视时应高度重视人身安全，对带电设备、起停操作中的设备、瓷质设备、充油设备、含有毒气体设备、运行异常设备及其他高风险设备或环境等应开展安全风险分析，确认无风险或采取可靠的安全防护措施后方可开展工作，严防工作中发生人身伤害。
（2）巡视时应佩戴合格的安全帽，穿全棉长袖工作服。
（3）巡视室内设备，应随手关门。
（4）进入开关室、GIS设备室应检查含氧量是否正常（应不低于18%），SF_6气体含量不得超过1000μL/L（即1000ppm）。入口处若无SF_6气体含量显示器，应先通风15min，并用检漏仪测量SF_6气体含量是否合格。尽量避免一人进入SF_6配电装置室进行巡视。

项目1 设备巡视及缺陷定性／知识点1 设备巡视原则及要求

（5）巡视的开关室内设有电容、电抗等无功补偿设备时，进入开关室前应要求调度退出AVC系统，巡视结束后通知调度恢复。如调度不同意的，不得在电容、电抗开关柜旁滞留。

（6）避免在无泄压通道开关柜旁滞留。

（7）避免在有倾倒隐患的避雷针附近滞留。

（8）雷雨天气，需要巡视室外高压设备时，应穿绝缘靴，并不准靠近避雷器和避雷针。

（9）火灾、地震、台风、冰雪、洪水、泥石流、沙尘暴等灾害发生时，如需要对设备进行巡视时，应制订必要的安全措施，得到设备运维管理单位（部门）分管领导批准，并至少两人一组，巡视人员应与派出部门之间保持通信联络。

（10）35kV及以下设备发生单相接地时，应要求调度直接拉路查找接地点。室内人员应距离故障点4m以外，室外人员应距离故障点8m以外，进入上述范围人员应穿绝缘靴，接触设备的外壳和架构时，应戴绝缘手套。

三、巡视危险点分析及预控措施

参照安全规程、现场运行规程中相关内容分析巡视工作中可能存在的危险点，并制订预控措施。

变配电运维与检修

> **情境引入**

为了监视变配电设备运行情况，以便及时发现和消除设备缺陷，预防事故发生，确保设备安全运行，需要定期进行设备巡视检查，监视设备运行状态，发现设备隐患，处理设备异常。

设备巡视作业应按规范标准进行，包括作业人员要求、危险点分析和安全措施等。编制作业指导卡是保证设备巡视项目准确、无遗漏的技术手段。巡视前应根据设备实际情况编制作业指导卡，按指导卡标准完成设备巡视工作。本项目任务1、2分别完成一次设备、二次设备的全面巡视。

任务1 一次设备全面巡视

> **学习目标**

（1）标识35kV变电站主接线运行方式，表述生产过程和一次设备结构、组成。
（2）能按照设备巡视规范要求编写（填写）变配电一次设备全面巡视作业指导卡。
（3）能按照设备全面巡视作业指导卡要求进行巡视。

> **课时计划**

子任务	任务内容	参考课时
1	编写（填写）变压器全面巡视作业指导卡，完成变压器全面巡视工作	2
2	编写（填写）断路器、隔离开关全面巡视作业指导卡，完成断路器、隔离开关全面巡视工作	1
3	编写（填写）互感器全面巡视作业指导卡，完成电流、电压互感器全面巡视工作	1
4	编写（填写）避雷器全面巡视作业指导卡，完成避雷器全面巡视工作	1
5	编写（填写）开关柜全面巡视作业指导卡，完成开关柜全面巡视工作	1
	合计	6

一、巡视准备工作

1）回顾电气设备相关课程中变压器、断路器、隔离开关、开关柜、避雷器、互感器等设备结构知识，结合设备工作原理及仿真变电站巡视内容，总结各设备巡视的关键点。
2）对巡视过程的危险点逐一分析并制订相关的安全措施。
3）准备巡视所用的工器具。

项目1 设备巡视及缺陷定性／任务1 一次设备全面巡视

二、编写（填写）全面巡视作业指导卡

变电站全面巡视标准化作业指导卡

作业卡编号		作业卡编制人			作业卡批准人		
作业地点		巡视范围		全站	巡视日期		年 月 日
巡视类别		巡视开始时间		时 分	巡视终止时间		时 分
环境温/湿度	℃ / %	天气			巡视人员		
一、巡视准备阶段							
序号	准备工作		内容			执行结果（√）	
1	作业条件						
2	劳动保护措施						
3	钥匙						
4	特殊天气巡视措施						
5	测温仪						
6	通信工具						
二、巡视实施阶段							
1. 检查执行情况							
序号	设备名称	设备部位	巡视内容/巡视标准			结论	
1						正 常□ 异 常□	
2						正 常□ 异 常□	
3						正 常□ 异 常□	
4						正 常□ 异 常□	
…	…	…	…			…	
2. 设备缺陷及异常记录表							
序号	设备名称	巡视时间			缺陷及异常现象		
1							
2							
3							
…	…	…			…		
三、巡视结束阶段							
内容	注意事项						执行结果（√）
工器具归位							
做好记录							
汇报处理							
作业指导卡执行情况评估	符合性		优				可操作项
			良				不可操作项
	可操作性		优				修改项
			良				遗漏项
存在问题							
改进意见							

5

三、变压器巡视要点（见图 1-1）

①—本体巡视：运行参数、渗漏油、外观、接地装置、运行声音

②—套管巡视：渗漏油、外观、引线接头、油位、末屏接地、运行声音

③—分接开关巡视：档位检查、油位油色、机构及机构控制回路

④—冷却系统巡视：渗漏油、风扇运行、控制方式及回路

⑤—非电量保护巡视：温度测量、气体继电器、压力释放装置

⑥—储油柜巡视：油位、吸湿器

⑦—其他：设备标识、控制箱、消防、储油池等

变压器巡视

图 1-1　变压器巡视要点

四、断路器巡视要点（见图 1-2）

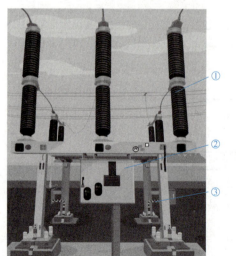

①—本体巡视：运行参数、外观绝缘、分合指示、引线线夹、金属法兰、远方/就地方式、运行声音

②—操动机构巡视：液压、气压指示、弹簧储能、灭弧介质参数、管路

③—其他：设备标识、机构箱、基础构架、接地引线

图 1-2　断路器巡视要点

项目 1　设备巡视及缺陷定性／任务 1　一次设备全面巡视

五、隔离开关巡视要点（见图 1-3）

① —导电部分巡视：触头接触情况、刀开关角度、引线线夹、导电座及连接螺钉

② —绝缘子巡视：外观、法兰

③ —传动部分巡视：连杆、拐臂、轴销、接地开关

④ —基座、机械闭锁部分巡视：基座、螺栓、金属支架、机械闭锁板盘、限位

⑤ —操动机构巡视：机械位置、机构部件

⑥ —其他：设备标识、机构箱、基础、接地引下线、五防锁具、远方／就地方式、接线回路

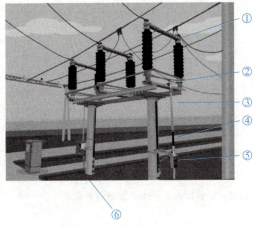

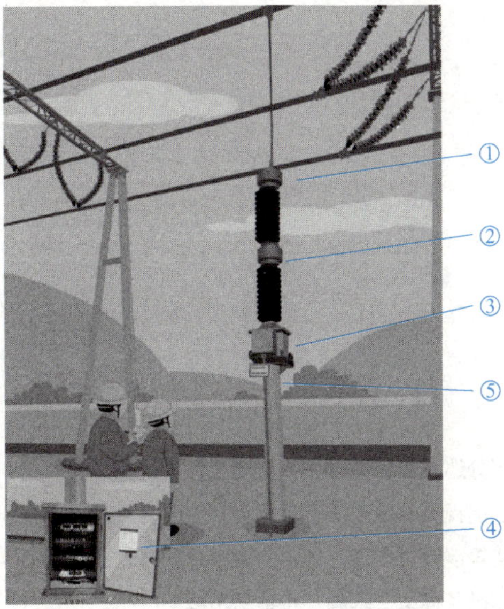

图 1-3　隔离开关巡视要点

六、电压互感器巡视要点（见图 1-4）

① —本体巡视：引线接头、外绝缘、油色油位、运行声音

② —绝缘子巡视：外观、法兰

③ —二次部分巡视：接线盒密封、电缆出口、末屏

④ —二次端子箱巡视：断路器、熔断器、端子箱二次回路

⑤ —其他：设备标识、基础、接地引下线

图 1-4　电压互感器巡视要点

七、电流互感器巡视要点（见图1-5）

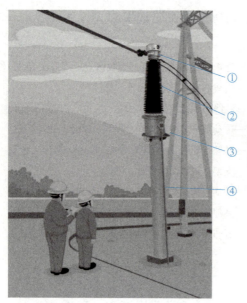

①—本体巡视：引线接头、外绝缘、油色油位、运行声音
②—绝缘子巡视：外观、法兰
③—二次部分巡视：接线盒密封、电缆出口、末屏
④—其他：设备标识、基础、接地引下线

图1-5　电流互感器巡视要点

八、避雷器巡视要点（见图1-6）

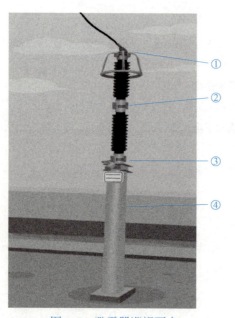

①—引流部分巡视：引线、发热、均压环、运行声音
②—绝缘子巡视：外观、法兰、压力释放装置
③—监测装置巡视：表计、数值、放电计数器
④—其他：设备标识、基础、接地引下线

图1-6　避雷器巡视要点

九、开关柜巡视要点(见图1-7)

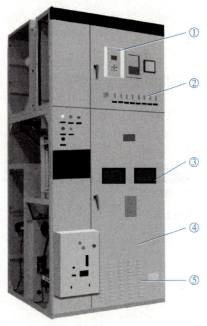

①—仪表室巡视:表计、继电器、温湿度控制、低压断路器、二次接线

②—面板巡视:标识、接线图、仪表、装置运行、方式开关、压板位置

③—断路器部分巡视:引线、绝缘、断路器位置、机械元件

④—基座、闭锁部分巡视:基座、螺栓、金属支架、手车五防闭锁

⑤—其他:接地、进线电缆、避雷器、互感器

图1-7 开关柜巡视要点

任务 2　二次设备全面巡视

学习目标

（1）表述变电站保护总体配置以及二次设备结构、组成。
（2）能按照设备巡视规范要求编写（填写）变配电二次设备全面巡视作业指导卡。
（3）能按照设备全面巡视作业指导卡要求进行巡视。

课时计划

子任务	任务内容	参考课时
1	编写（填写）继电保护及自动装置全面巡视作业指导卡，完成巡视工作	2
2	编写（填写）综合自动化系统全面巡视作业指导卡，完成巡视工作	1
3	编写（填写）站用交直流系统全面巡视作业指导卡，完成巡视工作	1
合计		4

一、继电保护及自动装置巡视要点（见图 1-8）

①—屏柜巡视：标识、清洁、接地、柜门密封
②—面板显示巡视：运行状态、信号、时间、采集量
③—端子排、接线、电缆巡视：应无锈蚀、松脱，接线紧固，电缆无破损；检查 TV 及 TA 回路
④—压板巡视：投退符合运行方式、位置正确、编号正确、压接牢固
⑤—控制开关、低压断路器巡视：位置正确

图 1-8　继电保护及自动装置巡视要点

项目1 设备巡视及缺陷定性 / 任务2 二次设备全面巡视

二、综合自动化系统巡视要点（见图 1-9）

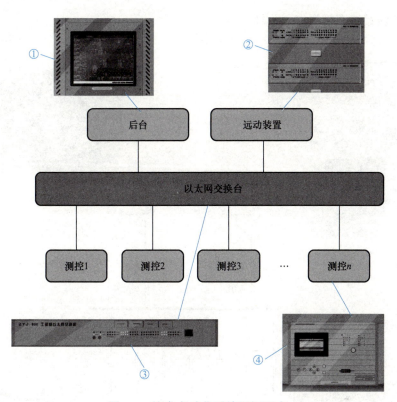

图 1-9 综合自动化系统巡视要点

① —后台监控巡视：一次接线、遥测、遥信、保护信号
② —通信远动装置巡视：柜体（无锈蚀）、密封、电缆、断路器
③ —交换机巡视：通信正常、运行指示正常
④ —测控装置巡视：显示、信号、指示灯

三、站用交直流系统巡视要点

1. 站用交流系统巡视要点(见图 1-10)

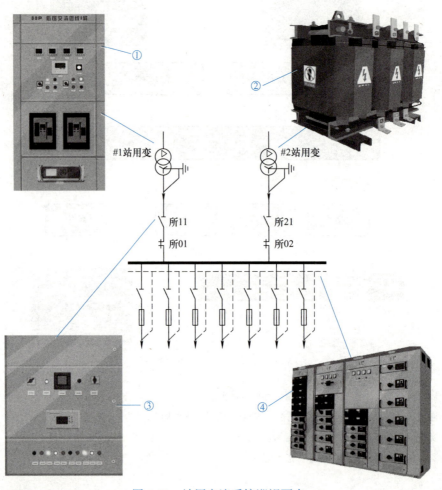

图 1-10 站用交流系统巡视要点

①—站用变低压侧巡视:位置状态、断路器状态、表计指示、电源监测装置
②—站用变压器巡视:箱体、温度、运行声音
③—站用变切换装置巡视:工作位置、切换装置指示、状态、切换情况
④—馈线柜巡视:位置指示、断路器及熔断器位置状态

项目1 设备巡视及缺陷定性/任务2 二次设备全面巡视

2. 站用直流系统巡视要点（见图1-11）

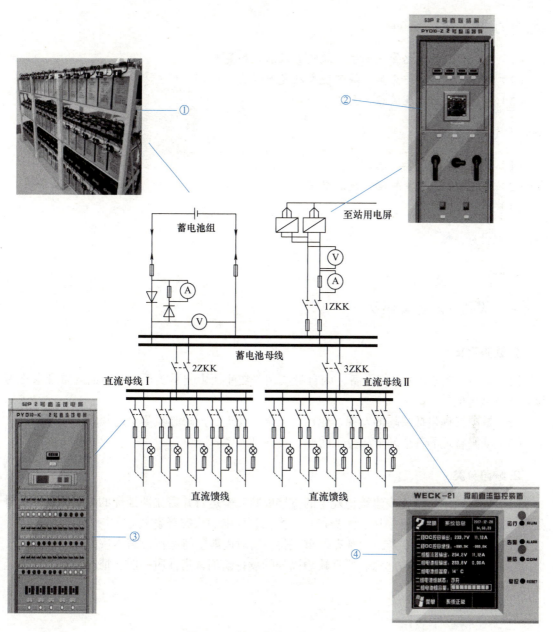

图1-11 站用直流系统巡视要点

①—蓄电池组巡视：蓄电池有无变形、渗漏，室温，充电方式
②—充电（整流）柜巡视：输入/输出电流及电压、充电模块运行情况、温度、声音
③—馈线柜巡视：位置指示、断路器及熔断器位置状态、绝缘、标识
④—直流监测装置巡视：装置电源、告警信号

知识点 2　设备缺陷管理

▶ 学习目标

（1）能说明设备缺陷管理制度、缺陷管理意义和要求。
（2）能说明缺陷性质分类、缺陷现象及发现方法。
（3）能表述缺陷处理流程、要求。

▶ 知识点

（1）缺陷管理作用和要求。
（2）一般缺陷、严重缺陷、危急缺陷。
（3）缺陷处理流程。

▶ 课时计划

2课时。

一、设备缺陷定义和分类

1. 缺陷定义

（1）运行（或备用）电气设备，因自身或相关功能而影响系统正常运行的异常现象称为设备或该装置的缺陷。
（2）缺陷管理包括缺陷的发现、建档、上报、处理、消缺验收等全过程的闭环管理。
（3）缺陷管理的各个环节应分工明确、责任到人。

2. 缺陷分类

（1）危急缺陷：设备或建筑物发生的直接威胁安全运行并需立即处理的缺陷，若不及时处理，随时可能造成设备损坏、人身伤亡、大面积停电、火灾等事故。
（2）严重缺陷：对人身或设备有严重威胁，暂时尚能坚持运行但需尽快处理的缺陷。
（3）一般缺陷：上述危急、严重缺陷以外的设备缺陷，指性质一般、情况较轻、对安全运行影响不大的缺陷。

二、设备缺陷管理

1. 管理制度

设备缺陷为闭环管理体制，包括缺陷发现、缺陷审核、缺陷处理、验收闭环的全过程。设备缺陷管理是为了提高设备健康水平，确保设备零缺陷投产和运行中的安全性、经济性，及时发现因设计、制造、安装及运行中出现的卡涩、松动、断裂、过热、异音、泄漏、缺油、失灵，以及由于设备异常引起的参数不正常、计算机系统的生产应用程序异常等设备

项目1 设备巡视及缺陷定性/知识点2 设备缺陷管理

缺陷并及时消除,在发现危急、严重缺陷后,还可以及时采取有效措施防止其发展成事故。

2. 缺陷发现

(1)各类人员应依据有关标准、规程等要求,认真开展设备巡视、操作、检修、试验等工作,及时发现设备缺陷。

(2)检修、试验过程发现的设备缺陷应及时告知、登记。

3. 缺陷建档及上报

(1)发现缺陷后,运维班负责参照缺陷定性标准进行定性,及时启动缺陷管理流程。

(2)在生产管理系统中登记设备缺陷时,应严格按照缺陷标准库和现场设备缺陷实际情况对缺陷主设备、设备部件、部件种类、缺陷部位、缺陷描述以及缺陷分类依据进行选择。

(3)对于缺陷标准库未包含的缺陷,应根据实际情况进行定性,并将缺陷内容记录清楚。

(4)对不能定性的缺陷,应由上级单位组织讨论确定。

(5)对可能会改变一、二次设备运行方式或影响集中监控的危急、严重缺陷情况,应向相应调控人员汇报。缺陷未消除前,应加强设备巡视。

4. 缺陷处理

(1)设备缺陷的处理时限:

1)危急缺陷处理不超过 24h。

2)严重缺陷处理不超过 1 个月。

3)需停电处理的一般缺陷不超过 1 个检修周期,可不停电处理的一般缺陷原则上不超过 3 个月。

(2)发现危急缺陷后,应立即通知调控人员采取应急处理措施。

(3)缺陷未消除前,根据缺陷情况,运维单位应组织制订预控措施和应急预案。

(4)对于影响遥控操作的缺陷,应尽快安排处理,处理前后均应及时告知调控中心,并做好记录,必要时配合调控中心进行遥控操作试验。

5. 消缺验收

(1)缺陷处理后,应进行现场验收,核对缺陷是否消除。

(2)验收合格后,待检修人员将处理情况录入生产管理系统后,再将验收意见录入生产管理系统,完成闭环管理。

三、缺陷处理流程

运维班组发现缺陷后,启动流程给班组长,经过逐级审核后,安排运检班组进行消缺。

1. 缺陷登记

缺陷的发现途径主要包括巡视、检测、检修,运维班组人员对发现的缺陷进行登记并进行初步定性。缺陷登记后需上报给班组长进行确认。

2. 班组审核

班组长进行缺陷性质确认及审核,然后将缺陷上报给上级专责进行审核。

3. 检修专责审核

上级专责对于上报的缺陷信息进行缺陷性质确认及审核,并安排班组进行缺陷处理。

4. 消缺安排

专责将审核后的缺陷排入检修工作计划,或直接将消缺工作派发给运检班组。专责在消缺安排环节将缺陷加入到任务池。

5. 消缺处理

运检班组接受专责派发的消缺任务后,首先进行现场勘查、工作票开票、作业文本编制、人员安排等准备工作,然后到现场执行消缺任务,并提交消缺验收。

6. 消缺验收

对运检班组消除的缺陷进行验收,若验收合格,结束缺陷处理流程,否则将缺陷退回上级专责重新安排消缺。

项目1 设备巡视及缺陷定性/任务3 设备缺陷定性

任务3 设备缺陷定性

学习目标

（1）能表述变配电一、二次设备缺陷现象。
（2）能按照设备缺陷定性标准对缺陷定性。
（3）能按照缺陷处理流程制订所发现的各类缺陷处理方案。

课时计划

子任务	任务内容	参考课时
1	一次设备缺陷定性分析	2
2	二次设备缺陷定性分析	2
	合计	4

情境引入

在巡视、试验、检测、检修过程中发现设备缺陷后，需要对缺陷现象进行分析，根据缺陷分类标准确定设备缺陷的性质，按规范流程及时处理严重、危急缺陷，防止设备事故的发生。

如果不能准确判断设备缺陷的性质，就容易忽视严重、危急缺陷处理的及时性。这就要求能仔细分析缺陷现象，准确掌握缺陷定性标准，并结合设备结构、原理判断缺陷类型，制订相应的处理方案，及时消除缺陷，保证设备正常运行。

一、充油设备共性缺陷

1. 渗漏油

（1）渗油：设备表面有油迹，但未形成油滴，为一般缺陷。
（2）漏油：漏油形成油流，每滴时间快于5s且油位低于下限，为危急缺陷；每滴时间快于5s，且油位正常，为严重缺陷；每滴时间不快于5s，且油位正常，为一般缺陷。其中，若变压器套管表面渗油，形成油滴，定为危急缺陷；套管表面有油迹，但未形成油滴，定为严重缺陷。
（3）冒烟着火：危急缺陷。

2. 油位

（1）油位过高，高于正常油位上限，为一般缺陷；高于上限，导致膨胀器变形，为危急缺陷。其中，变压器套管油位高于正常油位上限，定为严重缺陷。
（2）油位过低，低于正常油位的下限，油位可见，为一般缺陷；油位低于下限且不可见，为严重缺陷。
（3）油位计模糊为一般缺陷；破损为严重缺陷。

3. 油温

强迫油循环风冷变压器的最高上层油温超过85℃、油浸风冷和自冷变压器上层油温超过95℃，为危急缺陷。

二、金属部位锈蚀

（1）轻微锈蚀或漆层破损为一般缺陷。
（2）严重锈蚀为严重缺陷。

三、绝缘部分缺陷

1. 绝缘污秽

（1）瓷绝缘子严重积污定为严重缺陷。
（2）瓷绝缘子表面存有明显积污为一般缺陷。

2. 绝缘破损

（1）外绝缘破损、开裂，定为危急缺陷。
（2）有较严重破损，但破损部位不影响短期运行，为严重缺陷。
（3）有轻微破损为一般缺陷。

3. 绝缘放电

（1）外绝缘有放电声或严重电晕，或放电超过第二裙，为危急缺陷。
（2）外绝缘有明显放电或较严重电晕，未超过第二裙，定为严重缺陷。
（3）有轻微放电或轻微电晕，为一般缺陷。

四、导电部分缺陷

1. 导电接头和引线松动破损

（1）线夹与设备连接平面出现缝隙，螺钉明显脱出，引线随时可能脱出，为危急缺陷。
（2）线夹破损断裂严重，有脱落的可能，对引线无法形成紧固作用，为危急缺陷。
（3）引线接头氧化严重，有密密麻麻的锈迹，为严重缺陷。

2. 引线断股、松股

（1）截面损失达25%以上，为危急缺陷。
（2）截面损失达7%以上，但小于25%，为严重缺陷。
（3）截面损失低于7%，为一般缺陷。

五、发热缺陷

1. 导线与接头、线夹（外部连接）发热（电流致热）

（1）根据DL/T 664—2016《带电设备红外诊断应用规范》，热图像的热点温度≥130℃

项目1 设备巡视及缺陷定性/任务3 设备缺陷定性

或 $\delta \geq 95\%$，为危急缺陷。

（2）热点温度 $\geq 90℃$ 或 $\delta \geq 80\%$，为严重缺陷。

（3）相间温差不超过 15K，为一般缺陷。

2. 导线、接头与设备（外－内连接）发热（电流致热）

（1）根据 DL/T 664—2016《带电设备红外诊断应用规范》，热图像的热点温度 $\geq 110℃$ 或 $\delta \geq 95\%$，为危急缺陷。

（2）热点温度 $\geq 80℃$ 或 $\delta \geq 80\%$，为严重缺陷。

（3）相间温差不超过 15K，为一般缺陷。

3. 设备内部连接发热（电流致热）

（1）根据 DL/T 664—2016《带电设备红外诊断应用规范》，热图像的热点温度 $\geq 80℃$ 或 $\delta \geq 95\%$，为危急缺陷。

（2）热点温度 $\geq 55℃$ 或 $\delta \geq 80\%$，为严重缺陷。

（3）相间温差不超过 15K，为一般缺陷。

4. 设备绝缘发热（电压致热）

根据 DL/T 664—2016《带电设备红外诊断应用规范》，温差超过标准，为严重或危急缺陷。

六、运行声音

（1）由设备内部放电或爆裂发出的声音，为危急缺陷。
（2）由外部附件松动引起的声音，为一般缺陷。

七、接地引下线

1. 末屏接地

变压器套管、互感器等设备末屏接地不良引起放电，为危急缺陷。

2. 避雷器接地

（1）连接不牢固、接地引下线接地不良，为危急缺陷。
（2）引下线严重锈蚀，影响设备可靠接地，为一般缺陷。

3. 其他设备接地

（1）接地引下线断开，为危急缺陷。
（2）接地引下线松动，为严重缺陷。
（3）接地引下线连接法兰、连接螺栓锈蚀，油漆脱落，为一般缺陷。

八、二次设备

1. 线路保护装置

（1）装置模拟量采集、插件异常，开入/开出异常，TV 断线，TA 开路，定为危急缺陷。

（2）同期电压异常、装置不影响保护功能的异常，定为严重缺陷。

2. 主变保护装置

（1）装置模拟量采集、插件异常，开入/开出异常，TV 断线，TA 开路，差流越限，定为危急缺陷。

（2）装置不影响保护功能的异常定为严重缺陷。

项目 2

设备维护

知识点　设备维护项目

学习目标

（1）能表述电气设备维护内容。
（2）能表述开关柜维护内容。
（3）能表述变配电安全工器具的作用和维护内容。

课时计划

2课时。

一、电气设备日常维护项目

1. 一次设备维护

（1）变压器呼吸器硅胶定期检查，发现受潮变色应及时更换；母线桥热缩检查，设备传动试验、接点检查。
（2）定期完成设备红外测温工作。
（3）机构箱、端子箱内的防潮、封堵检查，定期通风、清扫，接地引下线除锈、防腐、补漆。
（4）通风冷却回路、加热器防潮回路检查和消缺。
（5）避雷器动作次数、泄漏电流抄录。
（6）主变冷却器水冲洗。
（7）高压带电显示装置检查维护。
（8）防小动物设施维护。
（9）接地螺栓及接地标志维护。
（10）设备停电清扫。

2. 二次设备维护

（1）运行中的继电保护及自动装置压板正确性、可靠性检查。
（2）二次回路电缆、熔断器、把手、断路器、按钮标识检查。
（3）二次屏柜防火封堵检查。
（4）控制屏、开关柜上控制开关、指示灯损坏检查，及时更换。

（5）二次设备清扫。

3. 站用交直流系统维护

（1）蓄电池电压测量、温度检查，蓄电池内阻测试检查。
（2）交直流屏内熔断器完好性检查维护。
（3）站用系统切换试验、装置完好性检查。
（4）备用站用变压器、备用充电机启动试验。
（5）UPS系统检查、试验。
（6）蓄电池核对性充放电试验。

4. 防误闭锁装置维护

（1）防误闭锁装置、锁具检查除锈，更换。
（2）计算机钥匙充电检查维护。
（3）防误装置逻辑校验。

5. 安全工器具维护

（1）安全工器具定期检查、试验。
（2）安全工器具及接地线存放地点、环境检查。

6. 辅助设施维护

（1）消防设施定期检查、试验。
（2）安防设施定期检查、维护。
（3）电缆沟、防汛设施等检查、维护。

二、开关柜维护内容

（1）配电间应防潮、防尘、防止小动物。
（2）金属器件防锈蚀，运动部件润滑，积灰清除。
（3）真空断路器真空度检查、玻璃外壳灭弧室内部金属表面发乌及辉光放电现象检查。
（4）二次回路器件（控制回路、储能回路的低压断路器、储能电机等）检查、更换。
（5）隔离开关与断路器机械联锁检查。
（6）手车插头咬合面涂覆防护剂（导电膏、凡士林等）。
（7）加热除湿器检查、更换。
（8）开关柜保护柜定值、压板核对。
（9）开关柜暂态地电压、超声波局放检测。

三、安全工器具的作用及维护内容

1. 绝缘杆

（1）绝缘杆用于安装和拆除临时接地线，安装和拆除避雷器，以及进行测量和试验等项目。

（2）绝缘杆由工作部分、绝缘部分和握手部分组成，如图2-1所示。握手部分和绝缘部分用浸过绝缘漆的木材、硬塑料、胶木或玻璃钢制成。

（3）绝缘杆的有效长度：10kV，≥0.7m；35kV，≥0.9m；110kV，≥1.0m。

（4）使用前应检查电压等级是否相符、有效期是否超过标准、表面是否完好、连接部位是否牢固；使用过程中应戴绝缘手套，握手部位不能超过标志线。

图2-1 绝缘杆

2. 绝缘手套和绝缘靴

（1）定置存放。

（2）存放位置干燥、阴凉，无其他物品堆压。

（3）绝缘手套（见图2-2）使用前应检查橡胶是否完好、是否在有效期内。将手套卷曲，观察是否漏气，漏气手套严禁使用。

（4）绝缘靴（见图2-3）每次使用前应检查橡胶是否完好、是否在有效期内。

图2-2 绝缘手套

图2-3 绝缘靴

3. 验电器（见图2-4）

（1）高压验电器由指示部分、绝缘部分、握手部分构成。

（2）验电器可分为声光验电器、回转声光验电器。

（3）绝缘杆的有效长度：10kV，≥0.4m；35kV，≥0.6m；110kV，≥1.0m。

（4）使用前应检查电压等级是否相符、是否在有效期内，检查验电器是否正常，在带电设备上检验验电器是否正常。

（5）使用中应戴绝缘手套，手握不能超过护环，将验电器靠近带电设备，若指示器无声光信号，确定验电部位确无电压。

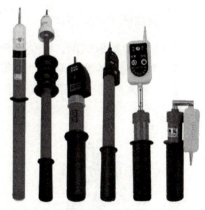

图2-4 验电器

（6）验电三步骤：① 验电前，在临近有电设备验电，验证验电器良好；② 在已停电的设备进出线两侧逐相验电；③ 验明无电后，立即合上接地开关或挂接地线。

4. 接地线

（1）接地线由导线线夹、接地线、接地线夹和手竿组成，如图2-5所示。

（2）导线线夹与接地导线、接地线夹可靠连接。接地线用软铜线编制而成，绞线外应有透明护套，截面积不得小于25mm²。

（3）接地线使用前应检查各部件是否完好，拧紧连接部位螺栓，挂接地线前必须验电。

（4）装拆接地线要求：① 装拆接地线必须两人进行，一人监护一人操作；② 装拆接地线应戴绝缘手套、安全帽，穿绝缘靴；③ 装拆接地线时，应先装接地端，再接导体端，拆除与之相反。

图2-5 接地线

5. 标志牌

（1）禁止类。标志为红色，含义是严格制止，如图2-6所示。

（2）警告类。标志为黑色，含义是警示可能发生危险，如图2-7所示。

图2-6 禁止类标志牌

图2-7 警告类标志牌

（3）提示类。标志为绿色，含义是提供某种信息，如图2-8所示。

6. 绝缘梯

（1）常用的有人字梯、直梯，如图2-9所示。

（2）用于登高作业。

图2-8 提示类标志牌

7. 安全帽（见图2-10）

（1）安全帽佩戴前，调整好松紧。

（2）佩戴时栓紧下颚带，帽带系紧。

图2-9 绝缘梯

图2-10 安全帽

8. 安全围栏（见图 2-11）

（1）按工作票安全措施要求，布置安全围栏。
（2）检修时，在检修设备或工作地点四周布置安全围栏，围栏上悬挂安全标志牌。
（3）正确设置围栏出入口。

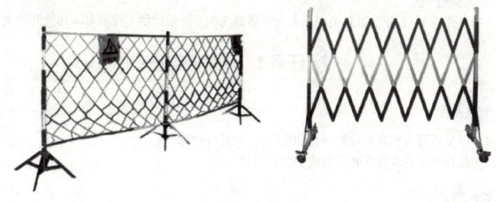

图 2-11　安全围栏

变配电运维与检修

> 情境引入

设备维护是在电气设备运行过程中对设备、部件进行定期保养、试验、更换和维修的工作，包括设备清洁、除尘，接地线导通测试，变压器铁心接地电流测试，变压器呼吸器、冷却器维护，箱柜屏防潮装置消缺，防误装置维护，蓄电池维护，消防、安防设施维护，安全工器具维护等。

本项目任务 1、2 分别以开关柜、安全工器具为例，介绍维护工作的基本步骤和要求。

任务1 开关柜维护

> 学习目标

（1）能分析开关柜典型维护项目的危险点并制订预控措施。
（2）能按规范要求完成开关柜典型维护项目。

> 课时计划

4 课时。

一、开关柜维护作业准备

（1）分析开关柜加热器更换，储能电源开关更换，保护定值、压板核对等维护工作的主要步骤。
（2）对维护作业的危险点逐一分析并能制订预控措施。
（3）准备维护所用的工器具。

二、开关柜加热器更换

1. 编写（填写）加热器更换标准化作业指导卡

2. 加热器更换维护作业主要步骤

（1）检查（见图 2-12）。检查加热器回路及温度控制器，确认加热器元件损坏情况。碰触加热器时防止烫伤手。
（2）拆除（见图 2-13）。断开加热器电源开关，确认加热器两端无电压；拆除加热器电源接头，用胶布包好，再拆除故障加热器。

项目 2　设备维护 / 任务 1　开关柜维护

变电站开关柜加热器更换标准化作业指导卡

作业卡编号		作业卡编制人		作业卡批准人		
作业开始时间	年 月 日	作业结束时间	年 月 日	作业性质	日常维护	
作业监护人		作业执行人		作业周期		
一、维护准备阶段						
序号	执行步骤				执行结果（√）	
	工作内容	标准及要求				
1	人员要求					
2	作业风险管控					
二、维护实施项目						
序号	执行步骤				执行结果（√）	
	工作内容	标准及要求				
1						
2						
3						
4						
…	…	…		…		
三、维护验收阶段						
序号	执行步骤				执行结果（√）	
	工作内容	标准及要求				
1	清理现场					
2	做好记录					
3	验收试验结果	|| 验收人：			
作业指导卡执行情况评估	符合性	优 || 可操作项			
		良 || 不可操作项			
	可操作性	优 || 修改项			
		良 || 遗漏项			
存在问题						
改进意见						

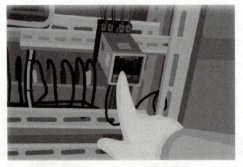

图 2-12　检查

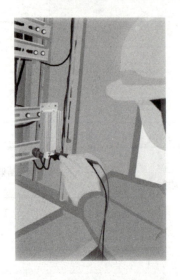

图 2-13　拆除

（3）更换（见图 2-14）。更换新的加热器，拆除电源引线接头处胶布，接入电源线；合上电源开关，检查加热器是否正常。

更换加热器

图 2-14　更换

三、开关柜储能电源开关更换

1. 编写（填写）更换作业指导卡

参见变电站开关柜加热器更换标准化作业指导卡格式。

2. 储能电源开关更换维护作业主要步骤

（1）检查。用低压验电器或万用表检查开关异常或损坏情况；断开端子箱总电源，如图 2-15 所示。

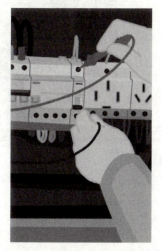

图 2-15　检查

（2）拆除。检查开关两端确无电压，拆除开关；电源引线头用绝缘胶带包好，如图 2-16 所示。

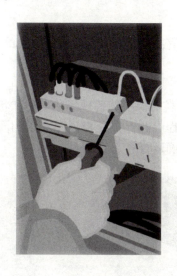
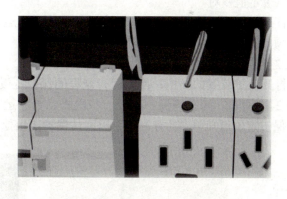

图 2-16　拆除

（3）更换。将新更换的开关固定好，接入电源线；合上开关上端电源，检查开关可以正常使用，如图 2-17 所示。

变配电运维与检修

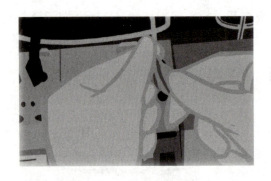

图 2-17　更换

四、开关柜保护定值、压板核对

1. 编写（填写）保护定值、压板核对维护作业指导卡

参见变电站开关柜加热器更换标准化作业指导卡格式。

2. 保护定值、压板核对作业主要步骤

（1）定值核对

打开保护装置的选择菜单，打印或记录当前区运行定值；按调度下达的定值通知单，逐条逐项核对，并签字确认，如图 2-18 所示。

（2）压板核对

打开保护装置的屏柜，使用运行规程的保护压板说明核对保护装置现场的名称和状态，如图 2-19 所示。当现场保护压板、二次提示卡、运行规程中的保护压板说明不尽相同时，查看保护定值通知单中的控制字，以确认保护压板处于正确运行状态。

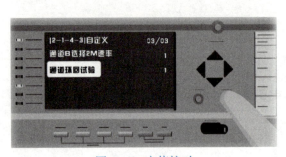

图 2-18　定值核对　　　　　　　　图 2-19　压板核对

项目2 设备维护/任务2 安全工器具维护

任务2 安全工器具维护

学习目标

（1）能分析安全工器具维护项目危险点并制订预控措施。
（2）能按规范要求完成安全工器具维护项目。

课时计划

2课时。

一、安全工器具维护作业准备

（1）分析安全工器具作用及维护工作的主要步骤。
（2）对维护作业的危险点逐一分析并制订预控措施。
（3）准备维护所用的工器具。

二、安全工器具维护

1. 编写（填写）安全工器具维护作业卡

参见变电站开关柜加热器更换标准化作业指导卡格式。

2. 验电器维护注意事项

检查验电器编号清楚，对号存放。

外观检查：验电器有合格标签，绝缘部分表面无裂纹、破损或污渍。

按下试验按钮，验电器试验"声、光"指示正常，如图2-20所示，对无"声、光"指示的验电器进行报修。

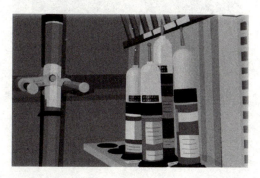
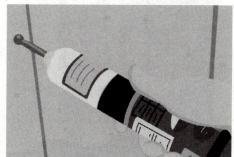

图2-20 验电器维护

3. 接地线维护注意事项

检查接地线编号清楚正确，且对号存放。

外观检查：接地线绝缘护套完好，软导线无裸露、无断股，接地线线夹紧固可靠，各连接部位接触良好，无锈蚀，如图2-21所示。

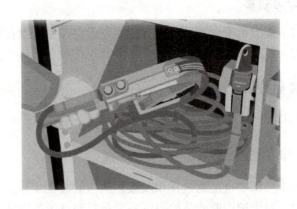

图2-21　接地线维护

4. 绝缘杆维护注意事项

检查绝缘杆编号清楚，对号存放。

外观检查：定期试验记录合格；绝缘杆表面无裂纹、破损、污渍、受潮。

握手部分和工作部分护环完整，无破损老化；检查操作杆各端接头牢固，组合连接完好，连接部位紧固可靠，如图2-22所示。

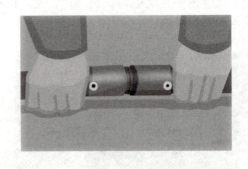

图2-22　绝缘杆维护

5. 绝缘手套、绝缘靴维护注意事项

检查绝缘手套、绝缘靴编号清楚，对号存放。

项目2 设备维护/任务2 安全工器具维护

外观检查：定期试验记录合格，有合格标签，未超期；表面无裂纹、破损、污渍、粘连，如图2-23所示。

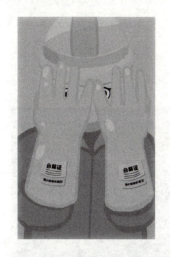
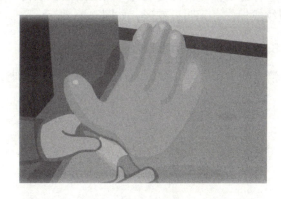

图2-23 绝缘手套、绝缘靴维护

6. 绝缘梯维护注意事项

检查限高位置正确且清晰，无严重锈蚀或变形，梯脚设有防滑垫，如图2-24所示。

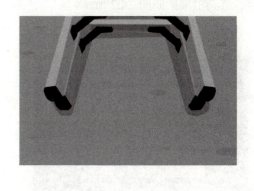

图2-24 绝缘梯维护

7. 安全帽维护注意事项

应有合格标签，帽衬组件（包括帽箍、顶衬、后箍、下颚带等）齐全、牢固；帽壳完整无裂纹或损伤，无明显变形，如图 2-25 所示。

8. 标示牌维护注意事项

清点数量，分类存放；面板无破损，字迹清晰，如图 2-26 所示。

图 2-25　安全帽维护

图 2-26　标示牌维护

9. 安全工器具柜维护注意事项

1）检查智能柜无异常告警，开启正常，温、湿度设置正确（湿度 75%、温度 25℃）。
2）检查加热及除湿装置工作正常，柜内风扇运行正常。
3）检查地线柜监测位置与地线实际存放位置一致。
安全工器具柜维护如图 2-27 所示。

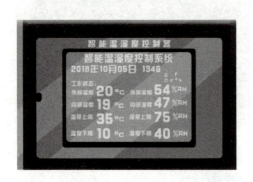

图 2-27　安全工器具柜维护

项目 3

倒闸操作

知识点　倒闸操作原则及方法

学习目标

（1）能表述调度规程、规范、倒闸操作票实施细则的内容。
（2）能表述倒闸操作流程、要求和标准；掌握操作票的填写要求和规程要求。
（3）掌握设备闭锁关系，电气二次回路工作原理，一次设备停送电原则、顺序等知识。

课时计划

2课时。

一、倒闸操作概念

1. 倒闸操作定义

将电气设备由一种状态转换到另一种状态所进行的一系列操作称为倒闸操作。

2. 电气设备状态

（1）运行状态：指相关一、二次回路全部接通带电。
（2）热备用状态：指断路器断开、隔离开关合上，相关二次回路带电的状态。经一项合闸操作即可转为运行。
（3）冷备用状态：指断路器和隔离开关均断开，相关二次回路带电的状态。
（4）检修状态：连接设备的各侧均有明显断开点或可判断的断开点，需要检修的设备各侧已接地的状态。

3. 倒闸操作任务

（1）设备四种状态互换，如线路由运行转检修、检修转运行。
（2）改变一次设备运行方式，如单母线转双母线运行，并列、解列、合环，改变中性点接地方式等。
（3）继电保护及自动装置的投入、退出和改变定值。
（4）接地线装设或拆除，接地开关分合。
（5）故障或异常处理。
（6）其他操作。

二、倒闸操作原则和流程

1. 基本原则

（1）电气设备的倒闸操作应严格按照电力安全工作规程、调度规程、现场运行规程和本公司的补充规定等要求进行。

（2）倒闸操作应由值班调控人员或运维负责人正式发布指令，并使用经事先审核合格的操作票，按操作票填写顺序逐项操作。

（3）操作票应根据调控指令和现场运行方式，参考典型操作票拟定。典型操作票应履行审批手续并及时修订。

（4）倒闸操作过程中严禁发生下列误操作：

1）误分、误合断路器。

2）带负荷拉、合隔离开关或手车触头。

3）带电挂（合）接地线（接地开关）。

4）带接地线（接地开关）合断路器（隔离开关）。

5）误入带电间隔。

6）非同期并列。

7）误投退连接片、短路片，误切错定值区，误投退自动装置，误分合二次电源开关。

其中前五项为防止误操作的重点，简称为"五防"。

（5）倒闸操作应尽量避免在交接班、高峰负荷、异常运行和恶劣天气等情况时进行。

（6）对大型重要和复杂的倒闸操作，应组织操作人员进行讨论，由熟练的运维人员操作，运维负责人监护。

（7）运行中断路器严禁就地操作。

（8）雷电时，禁止进行就地倒闸操作。

（9）倒闸操作过程若因故中断，在恢复操作时运维人员应重新进行核对（核对设备名称、编号、实际位置）工作，确认操作设备、操作步骤正确无误。

（10）倒闸操作应全过程录音，录音应归档管理。

（11）操作中发生疑问时，应立即停止操作并向发令人报告，并禁止单人滞留在操作现场。弄清问题后，待发令人再行许可后方可继续进行操作。不准擅自更改操作票，不准随意解除闭锁装置进行操作。

（12）下列情况下，变电站值班人员不经调度许可能自行操作，操作后须汇报调度：

1）将直接对人员生命有威胁的设备停电。

2）确定在无来电可能的情况下，将已损坏的设备停电。

3）确认母线失电，拉开连接在失电母线上的所有断路器。

（13）倒闸操作必须具备下列条件才能进行：

1）倒闸操作人员须经过安全教育培训、技术培训，熟悉工作业务和有关规程制度，经上岗考试合格，有关主管领导批准后，方能接受调度指令，进行操作或监护工作。

2）要有与现场设备和运行方式一致的一次系统模拟图，要有与实际相符的现场运行规程、继电保护自动装置的二次回路图样及定值整定计算书。

项目3 倒闸操作/知识点 倒闸操作原则及方法

3）设备应达到防误操作的要求，不能达到的须经上级部门批准。
4）倒闸操作必须使用统一的电网调度术语及操作术语。
5）要有合格的安全工器具、操作工具、接地线等设施，并设有专门的存放地点。
6）现场一、二次设备应有正确、清晰的标示牌，设备的名称、编号、分合位指示、运动方向指示、切换位置指示以及相别标识齐全。

2. 倒闸操作程序

（1）操作准备
1）根据调控人员的预令或操作预告等明确操作任务和停电范围，并做好分工。
2）拟定操作顺序，确定装设地线部位、组数、编号及应设的遮栏、标示牌。明确工作现场临近带电部位，并制订相应措施。
3）考虑保护和自动装置相应变化及应断开的交、直流电源和防止电压互感器、站用变二次反送电的措施。
4）分析操作过程中可能出现的危险点并采取相应的措施。
5）检查操作所用安全工器具、操作工具正常。包括防误装置计算机钥匙、录音设备、绝缘手套、绝缘靴、验电器、绝缘拉杆、接地线、对讲机、照明设备等。
6）五防闭锁装置处于良好状态，当前运行方式与模拟图板对应。

（2）接令
1）应由上级批准的人员接受调控指令，接令时发令人和受令人应先互报单位和姓名。
2）接令时应随听随记，记录在调控指令记录中，接令完毕，应将记录的全部内容向发令人复诵一遍，并得到发令人认可。
3）对调控指令有疑问时，应向发令人询问清楚无误后执行。

（3）操作票填写
1）倒闸操作由操作人员根据值班调控人员或运维负责人指令填写操作票。
2）操作顺序应根据调控指令、现场运行方式、参照本站典型操作票内容进行填写。
3）填写操作票前结合调控指令核对现场运行方式。
4）操作票填写后，由操作人和监护人共同审核并分别签名，复杂的倒闸操作经班组专业工程师或班长审核执行。

（4）模拟预演
1）模拟操作前应结合调控指令核对系统方式、设备名称、编号和位置。
2）模拟操作由监护人在模拟图（或微机防误装置、微机监控装置）按操作顺序逐项下令，由操作人复令执行。
3）模拟操作后应再次核对新运行方式与调控指令相符。
4）装、拆地线，应有明显标志。

（5）执行操作
1）现场操作开始前，汇报调控中心监控人员，由监护人填写操作开始时间。
2）操作地点转移前，监护人应提示，转移过程中操作人在前，监护人在后，到达操作位置，应认真核对。
3）远方操作一次设备前，应对现场人员发出提示信号，提醒现场人员远离操作设备。

4）监护人唱诵操作内容，操作人用手指向被操作设备并复诵。

5）计算机钥匙开锁前，操作人应核对计算机钥匙上的操作内容与现场锁具名称编号一致，开锁后做好操作准备。

6）监护人确认无误后发出"正确、执行"动令，操作人立即进行操作。操作人和监护人应注视相应设备的动作过程或表计、信号装置。

7）监护人所站位置应能监视操作人的动作以及被操作设备的状态变化。

8）操作人、监护人共同核对地线编号。

9）操作人验电前，在临近相同电压等级带电设备测试，确认验电器合格，验电器的伸缩式绝缘棒长度应拉足，手握在手柄处不得超过护环，人体与验电设备保持足够安全距离。

10）为防止存在验电死区，应采取同相多点验电的方式进行验电，即每相验电至少三个点间距在10cm以上。

11）操作人验明A、B、C三相确无电压，验明一相确无电压后唱诵"×相无电"，监护人确认无误并唱诵"正确"后，操作人方可移开验电器。

12）当验明设备已无电压后，应立即将检修设备接地并三相短路。

13）每步操作完毕，监护人应核实操作结果无误后立即在对应的操作项目后打"√"。

14）全部操作结束后，操作人、监护人对操作票按操作顺序复查，仔细检查所有项目全部执行并已打"√"（逐项复查）。

15）检查监控后台与五防画面设备位置确实对应变位。

16）在操作票上填入操作结束时间，加盖"已执行"章。

17）向值班调控人员汇报操作情况。

18）操作完毕后将安全工器具、操作工具等归位。

19）将操作票、录音归档管理。

倒闸操作

项目 3　倒闸操作 / 任务 1　线路停送电操作

> 情境引入

倒闸操作是在电网运行方式调整，设备检修、试验、轮换，将设备或设备单元从运行状态转换至热备用、冷备用、检修状态，或由检修状态投入至冷备用、热备用、运行状态时的系列操作。倒闸操作必须按规定顺序、规范流程进行，任一环节的疏忽极易导致操作中发生人身、设备伤害事故，影响电网安全稳定运行。正确、规范完成倒闸操作是运维工作人员的一项重要技能。本项目的任务 1 ~ 4 分别完成线路停送电操作、母线停送电操作、变压器停送电操作及站用交直流系统停送电操作。

》任务 1　线路停送电操作

> 学习目标

（1）能按规范要求接受调度指令、规范填写线路停送电倒闸操作票。
（2）能规范完成变电站线路停送电等操作任务。
（3）培养团队协作精神和严谨、认真的职业习惯；树立安全风险分析和防范意识；防止发生误操作的恶性事故。

> 课时计划

子任务	任务内容	参考课时
1	35kV 线路停送电操作	4
2	10kV 线路停送电操作（开关柜）	8
合计		12

一、线路倒闸操作顺序

1. 线路由运行转检修

线路两侧断路器断开后，先拉开线路侧隔离开关，后拉开母线侧隔离开关，确认线路两侧隔离开关已拉开后，合上线路接地开关，如图 3-1 所示。

图 3-1　线路由运行转检修

2. 线路由检修转运行

首先应拆除线路上安全措施，核实线路保护按要求投入后，再合上母线侧隔离开关，后合上线路侧隔离开关，最后合上线路断路器，如图 3-2 所示。

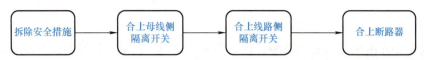

图 3-2 线路由检修转运行

二、线路倒闸操作注意事项

1. 断路器操作后检查（见图 3-3a）

（1）送电前应检查控制回路、辅助回路均正常，气体（SF_6）压力值正常，储能机构已储能，即具备运行操作条件。

（2）断路器操作后检查机械位置指示、电气指示、负荷指示、带电显示装置等。

a)

2. 断路器方式空开操作

断路器"远方/就地"方式开关应与控制方式保持一致。

3. 压板操作（见图 3-3b）

按调度指令和现场运行规程加用（停用）相应压板。

b)

4. 断路器二次电源操作（见图 3-3c）

（1）断开储能电源开关在拉开两侧隔离开关后，断开断路器控制电源开关前。

（2）断开断路器控制电源开关在拉开隔离开关并做好安全措施之后。

5. 隔离开关操作（见图 3-3d）

（1）隔离开关操作后，其定位销落入定位孔，电动机构箱内转轴已到限位死点；隔离开关操作卡涩严重时，不得强行操作。

（2）拉开的隔离开关开距应符合要求，推上的隔离开关应接触良好。

（3）隔离开关操作完成后，应检查该隔离开关实际位置。

c)

6. 间接验电

电气设备操作后的位置检查应以设备各相实际位置为准，无法看到实际位置时，应通过间接方法来判断，

d)

图 3-3 线路倒闸操作注意事项

项目3 倒闸操作／任务1 线路停送电操作

如设备机械位置指示、电气指示、带电显示装置、仪表及各种遥测、遥信等信号的变化。判断时,至少应有两个非同样原理或非同源的指示发生对应变化,且所有这些确定的指示均已同时发生对应变化,方可确认该设备已操作到位,如图3-4所示。

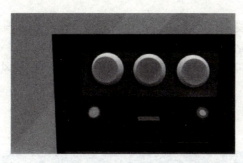

图3-4 间接验电

三、线路倒闸操作实施

倒闸操作票填写及实施在仿真变电站上完成。

任务 2　母线停送电操作

学习目标

（1）能按规范要求接受调度指令、规范填写母线停送电倒闸操作票。
（2）能规范完成变电站母线停送电等操作任务。
（3）培养团队协作精神和严谨、认真的职业习惯；树立安全风险分析和防范意识；防止发生误操作的恶性事故。

课时计划

子任务	任务内容	参考课时
1	35kV 母线停送电操作	2
2	10kV 母线停送电操作（开关柜）	4
	合计	6

一、母线倒闸操作原则

1. 一般原则

（1）母线停电时，应先将母线所带站用变压器进行倒换，将单母分段接线方式的所带负荷线路逐一停电，然后将母线及母线上的电压互感器停电，做好安全措施。
（2）母线送电时，先拆除母线上的安全措施，检查母线保护投入正确，将母线及电压互感器恢复送电，再将所带线路逐一送电。给母线充电尽量要用分段或主变压器断路器进行，配有快速保护装置的要投入该保护，充电正常后迅速退出该保护。
（3）母线停、送电操作时，应防止电压互感器二次侧向母线反充电。
（4）拉开母联（分段）断路器两侧隔离开关时，应先拉开停电母线侧隔离开关，再拉开运行母线侧隔离开关。

2. 防止谐振过电压

母线操作可能出现谐振过电压，应根据运行经验和试验结果采取防止措施。
（1）可能出现谐振的变电站，在母线和母线电压互感器同时停电时，待停母线转为空母线后，应先拉母线电压互感器隔离开关，后拉母联断路器；母线和母线电压互感器同时恢复运行时，母线和母线电压互感器转冷备用后，先对母线送电，后送母线电压互感器。
（2）在母线停送电操作过程中，应尽量避免两个断路器同时热备用于该母线。35kV 及以下母线停送电操作时，一般采用带一条线路停送电来防止谐振过电压。

二、母线倒闸操作顺序

1. 单母线分段运行，一条母线停电，由运行转为检修状态的操作顺序

（1）倒换站用变压器。

项目 3　倒闸操作 / 任务 2　母线停送电操作

（2）断开停电母线所连接的所有出线断路器。
（3）拉开停电母线的电压互感器二次开关（或二次熔断器）。
（4）断开主变压器低压侧断路器。
（5）按照先负荷侧、后电源侧的顺序，依次拉开各进、出线断路器和分段断路器两侧隔离开关。
（6）拉开停电母线的电压互感器一次侧隔离开关。
（7）在停电母线电压互感器一次侧隔离开关靠母线侧验明确无电压后，根据母线长度立即装设一组或多组接地线。

2. 单母线分段运行，一条母线送电，由检修转为运行的操作顺序

（1）拆除装设的接地线。
（2）推上停电母线的电压互感器一次侧隔离开关。
（3）按照先电源侧、后负荷侧的顺序，依次推上各进、出线断路器和分段断路器两侧隔离开关。
（4）合上主变压器低压侧断路器给本母线充电，检查母线充电正常。
（5）合上母线电压互感器二次开关（或二次熔断器）。
（6）根据调度运行方式，依次合上各出线断路器，送出各线路。
（7）切换站用变压器。

三、母线倒闸操作注意事项

1. 母线操作

（1）检修完工的母线送电前，应检查母线设备完好，无接地点，如图 3-5 所示。
（2）母线停电拉母联（分段）断路器前，检查母联（分段）断路器的电流表应指示为零。

2. 互感器（见图 3-6）操作

图 3-5　检查母线

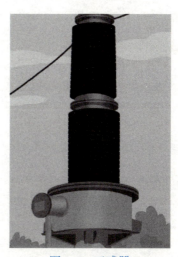

图 3-6　互感器

（1）母联断路器断口带均压电容且电压互感器（TV）为电磁式时，母线停电的操作顺序为：断开 TV 低压侧开关，拉开其高压侧隔离开关，断开其母线电源侧断路器；送电操作与此相反。

（2）电压互感器为电容式时，母线停电操作顺序为：断开 TV 低压侧开关，断开其母线电源侧断路器，再拉开 TV 高压侧隔离开关；送电操作与此相反。

四、母线倒闸操作实施

倒闸操作票填写及实施在仿真变电站上完成。

项目3 倒闸操作/任务3 变压器停送电操作

任务3 变压器停送电操作

学习目标

(1)能按规范要求接受调度指令、规范填写变压器停送电倒闸操作票。
(2)能规范完成变电站变压器停送电等操作任务。
(3)培养团队协作精神和严谨、认真的职业习惯；树立安全风险分析和防范意识；防止发生误操作的恶性事故。

课时计划

4课时。

一、变压器倒闸操作原则

(1)大型变压器停、送电要执行逐级停、送电的原则，即：停电时先停低压侧负荷，后停高压侧负荷，送电时与此相反。
(2)变压器投入运行时，应该选择励磁涌流较小的带有电源的一侧充电，并保证有完备的继电保护。现场规程没有特殊规定时，禁止由中压、低压向主变充电，以防主变故障时保护灵敏度不够。
(3)主变压器投、停时，要注意中性点消弧线圈的运行方式。主变停电检修，在主变消弧线圈中性点接地开关主变侧挂一组单相接地线。
(4)主变检修后恢复送电时，应核对变压器有载调压分接头位置与运行变压器的一致。
(5)主变停电检修应考虑相应保护的变动，如停用主变保护切母联、分段开关压板等。防止继电保护人员做保护定检时误跳母联及分段。
(6)主变停电时，应考虑一台变压器退出后负荷的重新分配问题，保证运行变压器不过负荷。

二、变压器倒闸操作顺序

1. 变压器由运行转检修的操作步骤

(1)合上分段断路器，停用备自投装置相关功能。
(2)断开主变低压侧断路器。
(3)断开主变高压侧断路器。
(4)按顺序拉开主变低压侧隔离开关。
(5)按顺序拉开主变高压侧隔离开关。
(6)验明无电后合上主变各侧接地开关。
(7)退出主变保护相关压板。
(8)布置安全措施。

2. 变压器由检修转运行的操作步骤

（1）拆除安全措施。
（2）拉开主变各侧接地开关。
（3）检查 1 号主变冷却器和有载调压装置（见图 3-7）正常。
（4）投入 1 号主变保护相关压板。
（5）合上主变高压侧隔离开关。
（6）合上主变低压侧隔离开关。
（7）合上主变高压侧断路器。
（8）合上主变低压侧断路器。
（9）断开分段断路器，投入备自投功能。

图 3-7　1 号主变有载调压控制箱

三、主变压器倒闸操作注意事项

（1）检修完工的主变送电前，应检查主变设备完好，无接地点。
（2）变压器停电时应先停负荷侧，后停电源侧；送电时应先电源侧，后负荷侧。
（3）停电后，注意另一主变是否过负荷，监视其上层油温，必要时应加强冷却。
（4）变压器停电转检修后，应注意退出所有冷却器，断开变压器本体冷却器和有载调压交直流电源。

四、主变压器倒闸操作实施

倒闸操作票填写及实施在仿真变电站上完成。

项目 3　倒闸操作 / 任务 4　站用交直流系统停送电操作

任务 4　站用交直流系统停送电操作

学习目标

（1）能规范填写站用变压器停送电倒闸操作票。
（2）能规范填写直流系统倒闸操作票。
（3）能规范完成变电站站用系统、直流系统停送电等操作任务。

课时计划

子任务	任务内容	参考课时
1	站用变压器停送电、母线停送电操作	4
2	直流母线、充电机停送电操作	2
	合计	6

一、站用交流系统操作原则

1. 站用变压器（见图 3-8）操作要求

（1）有消弧线圈的接地变送电前，消弧线圈与接地变同时投入，充电完毕后，消弧线圈运行方式按调度令执行。

（2）备用电源与站用变电源不满足同期条件时禁止合环，送电操作应采用先停后合顺序进行。

（3）站用变送电先送高压侧，后送低压侧；停电与之相反。

（4）两台站用变不得长期合环运行。

（5）站用变检修时，应在低压侧做好防止反送电措施。

2. 直流系统操作要求

（1）充电机在检修结束恢复运行时，应先合交流侧开关，再带直流负荷。

（2）正常运行时绝缘监测装置均投入使用。

（3）直流系统可短时并列，但禁止长时间并列运行，直流系统发生接地时，禁止并列运行。

（4）直流系统发生接地时禁止在二次回路上工作，处理直流接地时不得造成直流短路和另一点接地。

图 3-8　站用变压器

（5）取下直流控制熔断器时，应先取正极，后取负极；装上与之相反。

（6）运行中的保护要停用直流电源时，先停用保护出口压板，再停用直流电源；恢复直流电源时，与之相反。

二、站用交直流系统操作实施

倒闸操作票填写及实施在仿真变电站上完成。

项目 4

异常、故障处理

 知识点 1　异常、故障处理原则及方法

▶ **学习目标** ◀

（1）表述电气设备故障时的主要现象和信号。
（2）故障处理原则、步骤。
（3）故障分析方法及处理注意事项。

▶ **课时计划** ◀

2 课时。

一、异常、故障处理原则

1. 异常、故障处理的主要任务

（1）迅速限制设备异常、事故的发展，解除对人身、电网和设备安全的威胁，消除或隔离事故的根源。
（2）用一切可能的办法保持设备的正常运行，首先保证站用电源和重要用户的供电。
（3）解网部分要尽快恢复并列运行。
（4）尽快恢复对已停电的地区或用户供电。
（5）调整电网运行方式，使其恢复正常。

2. 故障处理一般原则

（1）保障变电站自身的用电。变电站的相关操作需要以变电站有电为基础，如果变电站没有蓄电池或者变电站的蓄电池不够好用，则将更加凸显站用电的重要性。如果失去站用电，则一定会使事故处理起来更加困难，在规定的时间内必须首先恢复站用电，这样才能使事故的范围不致扩大，不致因为严重的事故而损坏相关的变电设备。

（2）避免事故范围进一步扩大。变电设备事故及事故情况处理时，非常重要的原则就是避免事故范围进一步扩大，最大限度减少损失。如果因为运行人员事故时紧张而进行错误的操作，则会带来巨大损失，甚至可能引发电力系统联锁的大停电事故。

（3）尽快处理变电设备事故。变电设备事故及事故情况造成的事故必须尽快地处理，因为这些小的事故是电力系统的薄弱环节，为确保电力系统的安全、稳定运行，必须尽快消除这些薄弱环节，避免发生巨大的灾难性事故。

（4）变电站异常及事故处理，应遵守电力安全工作规程（变电部分）、各级电网调度管理规程、变电站现场运行通用规程、变电站现场运行专用规程及安全工作规定，在值班调控人员统一指挥下处理。

（5）事故处理过程中，运维人员应主动将事故处理情况及时汇报。事故处理完毕后，运维人员应将现场事故处理结果详细汇报给当值调控人员。

二、异常、故障处理步骤

异常及故障处理流程

1. 异常处理步骤

设备异常处理参见项目1知识点2缺陷处理流程进行。

2. 故障处理步骤（见图4-1）

（1）运检人员应及时到达现场进行初步检查和判断，将天气情况、监控信息及保护动作简要情况向调控人员作汇报。

（2）现场有工作时应通知现场人员停止工作、保护现场，了解现场工作与事故是否关联。

（3）涉及站用电源消失、系统失去中性点时，应进行紧急处理，例如恢复站用电、倒换运行方式并投退相关继电保护等。

（4）详细检查继电保护、安全自动装置动作信号、事故相别、事故测距等事故信息，复归信号，综合判断事故性质、地点和停电范围，然后检查保护范围内的设备情况。将检查结果汇报给调控人员和上级主管部门。

（5）检查发现事故设备后，应按照调控人员指令将事故点隔离，无事故设备恢复送电。

图 4-1 故障处理步骤

3. 故障处理中下列操作可自行操作后再汇报

（1）直接对人员生命有威胁的设备停电。

（2）将已损坏的设备隔离。

（3）当母线失压时，除保留调度事故处理规程规定的主电源断路器外，将该母线上馈线断路器断开。

（4）站用电部分或全部停电时，恢复站用电。

三、故障分析方法、处理注意事项

1. 故障现象

（1）有较大的电气量变化，电流增大或减小，电压降低或升高，频率降低或表计严重抖动。

（2）站内短路事故有较大的爆炸声，甚至燃烧，设备有故障痕迹，如设备损坏，绝缘损坏，断线，设备上有电弧烧伤痕迹或瓷瓶闪络痕迹，室内故障有较大的浓烟，注油设备出

项目4 异常、故障处理 / 知识点1 异常、故障处理原则及方法

现喷油、变形、焦味、火灾等。

（3）保护及自动装置启动，并发出相应的事故或预告信号，故障录波装置启动并开放。

（4）开关动作调整，事故音响启动。

（5）照明出现异常（短时暗、闪光、熄灭或闪亮）。

2. 故障分析方法（见图4-2）

（1）根据一次设备动作、断路器跳闸情况，分析故障可能发生的区域和影响范围。

（2）根据继电保护、自动装置动作信号、故障相别、故障测距等综合判断故障性质、范围。

（3）根据初步判断查找故障设备，并分析保护动作行为，确认是否还存在其他故障。

3. 故障处理组织

（1）各级当班调度是事故处理的指挥人，当班值班负责人是异常及事故处理的现场领导，全体运行值班员服从当班值班负责人的统一分配和指挥。

（2）发生异常及事故时，运行值班人员应坚守岗位，各负其责，正确执行当班调度和值班长的命令，发现异常，应仔细查找，及时向调度和值班长汇报。

（3）在交接班过程中发生故障时，应由交班人员负责处理事故，接班人在上值负责人的指挥下协助处理事故。

（4）事故处理时，非事故单位或其他非事故处理人员应立即离开主控室和事故现场，并不得占用通信电话。如果值班人员不能与值班调度员取得联系，应按照有关规定进行处理，另一方面应尽可能与调度取得联系。

（5）事故处理完毕后，应将事故情况详细记录，并按规定报告。

a)

b)

c)

图4-2 故障分析方法

4. 故障处理注意事项

（1）事故时保证站用电。站用电是变电站操作、监控、通信的保证，特别是变电站没有蓄电池时，或蓄电池不能正常运行时，站用电的地位更显重要。失去站用电，可能导致失去操作电源，失去通信调度电源，失去变压器的冷却系统电源，将使事故处理更困难，若在规定时间内站用电不能恢复，会使事故范围扩大，甚至损坏设备。事故处理时，应设法保证站用电不失压，事故时尽快恢复站用电。

（2）准确判断事故性质和影响范围。

1）充分利用保护和自动装置动作提供的信息，对事故进行初判。

2）通过对设备仔细检查，设法找到故障点位置。

3）在不影响事故处理且不影响停送电的情况下，应尽可能保留事故现场和故障设备的原状，以便于故障的查找。

4）限制事故的发展和扩大。

5）对故障初判后，运行人员迅速到相应的设备处进行仔细查找和检查，若出现冒烟、着火、持续异味、火灾等危及设备、人身安全的情况，应迅速进行处理，防止事故的进一步扩大。

6）事故紧急处理中的操作，应注意防止误使系统解列或非同期并列。

7）未经隔离，不能匆忙进行恢复送电操作。

8）注意故障后电源、变压器的负荷能力，加强监视，及时联系调度消除过负荷。

9）恢复送电防止误操作。

运行人员在恢复送电时要分清故障设备的影响范围，对于经判断无故障的设备，有条不紊地恢复送电；对故障点范围内的设备，先隔离故障，然后恢复送电，防止故障处理过程中的误操作导致故障的扩大。

项目 4 异常、故障处理 / 知识点 2 变电站保护配置

知识点 2 变电站保护配置

学习目标

(1) 能表述 35kV 变电站线路、主变压器保护配置。
(2) 能表述 35kV 变电站线路、主变压器保护范围。
(3) 能根据保护动作行为分析、判断故障位置。

课时计划

4 课时。

一、保护装置分类和保护范围

1. 保护分类

(1) 主保护是满足系统稳定和设备安全要求,能以最快速度有选择性地切除被保护设备和线路故障的保护。
(2) 后备保护是主保护或断路器拒动时,用来切除故障的保护。
(3) 近后备保护是当主保护拒动时,由本电力设备或线路的另一套保护来实现的后备保护。当断路器拒动时,由断路器失灵保护来实现后备保护。
(4) 远后备保护是当主保护或断路器拒动时,由相邻电力设备或线路的保护来实现的后备保护。
(5) 辅助保护是为补充主保护和后备保护的性能或当主保护和后备保护退出运行时而增设的简单保护。
(6) 异常运行的保护是反应被保护电力设备或线路异常运行状态的保护。

2. 保护范围

(1) 主保护范围:见图 4-3。

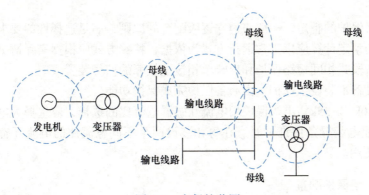

图 4-3 主保护范围

(2)后备保护范围:见图4-4。

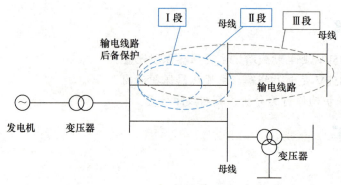

图 4-4　后备保护范围

(3)保护界点:见图4-5。

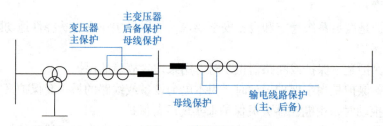

图 4-5　保护界点

二、保护装置配置原则

1. 线路保护配置

(1)110kV及以下等级中,后备保护采用远后备原则,一般只装设单套保护。
(2)对瞬时动作的保护或保护的瞬时段,其整定值应保证在被保护元件外部故障时可靠不动作。
(3)上下级保护的整定,一般应遵守逐级配合的原则,满足选择性的要求。
(4)保护的整定计算应以正常运行方式为依据,特殊方式应根据实际情况临时处理。
(5)配置阶段式相间短路保护和反映单相接地故障的信号装置。
(6)部分设备不装设主保护,由后备保护完成保护功能。
(7)对于10kV、35kV出线保护用电流互感器电流比的选择,应选择大电流比以减少短路电流倍数。配电装置条件许可时宜在每相装设两个不同电流比的电流互感器,分别供保护和计量装置使用。

2. 线路重合闸保护配置

(1)重合闸由保护启动或位置不一致启动。
(2)配置重合闸后加速保护。

项目4 异常、故障处理/知识点2 变电站保护配置

3. 主变压器保护配置

（1）为反应变压器油箱内部各种短路故障和油面降低，应装设瓦斯保护。

（2）为反应变压器绕组和引出线的相间短路以及中性点直接接地电网侧绕组和引线的接地短路及绕组匝间短路，应装设纵差保护或电流速断保护。

（3）为反应外部相间短路引起的过电流和作为瓦斯、纵差保护（或电流速断保护）的后备，应装设过电流保护，如复合电压起动过电流保护等。

（4）为反应过负荷，应装设过负荷保护。

（5）为反应变压器过励磁，应装设过励磁保护。

任务1 断路器异常、线路故障处理

> 学习目标

（1）能根据断路器、隔离开关异常现象分析原因。
（2）能根据线路故障现象分析故障原因。
（3）能处理断路器、隔离开关异常。
（4）能处理35kV、10kV线路故障。

> 课时计划

子任务	任务内容	参考课时
1	断路器、隔离开关异常处理	4
2	35kV、10kV线路故障处理	4
合计		8

一、断路器、隔离开关典型异常处理

1. 断路器控制回路断线

（1）现象：监控后台、保护装置发出"控制回路断线"信号，断路器红绿灯熄灭。
（2）原因分析：
1）断路器控制电源失电，控制电源开关跳闸。
2）机构箱或汇控柜"远方/就地"把手在"就地"位置。
3）SF_6 断路器 SF_6 压力低闭锁。
4）断路器辅助触头异常。
5）直流系统两点接地。
6）二次回路缺陷。
（3）处理：逐一排查原因，若仍然无法解决，报检修流程处理。

2. 断路器操作失灵

（1）现象：分、合闸操作时断路器拒分、拒合，断路器不变位，电流、功率指示无变化。
（2）原因分析：
1）后台操作断路器状态、标识不对应。
2）机构箱或汇控柜"远方/就地"把手在"就地"位置。
3）断路器控制回路断线。
4）断路器机构缺陷（无压力、弹簧未储能等）。
5）断路器本体缺陷（SF_6 闭锁、机械卡涩等）。
（3）处理：逐一排查原因，若仍然无法解决，报检修流程处理。

项目4　异常、故障处理／任务1　断路器异常、线路故障处理

3. 隔离开关操作失灵

（1）现象：分、合闸操作时隔离开关拒分、拒合。

（2）原因分析：

1）"五防"条件不满足。

2）隔离开关控制回路缺陷（断线、失电等）。

3）隔离开关操作回路缺陷（电动机失电、电动机故障、接触器烧坏等）。

4）隔离开关"远方／就地"把手位置不对应。

（3）处理：逐一排查原因，若仍然无法解决，报检修流程处理。

4. 隔离开关合闸不到位

（1）现象：合闸操作时隔离开关不到位。

（2）原因分析：

1）电气回路缺陷，行程开关接触不良。

2）机械限位装置缺陷（工艺、精度等）。

3）隔离开关操作回路缺陷（电动机失电、电动机故障、接触器烧坏等）。

4）驱动拐臂、机械联锁装置达到限位位置。

5）触头部位有异物（覆冰）、绝缘子、机械联锁、传动连杆、导电臂存在断裂、脱落、松动、变形等。

（3）处理：逐一排查原因，若仍然无法解决，报检修流程处理。

二、线路故障类型和处理原则

1. 线路故障类型

线路故障按照持续时间可以分为瞬时性故障和永久性故障。按照事故性质可以分为三相短路、两相短路、两相接地短路和单相接地短路。

运行数据统计表明，三相短路概率最低，约为所有短路故障的6%～7%，但此种短路故障最为危险。两相短路和两相接地短路对电力系统的扰动也很大，发生的概率约占23%～24%。单相接地短路发生的次数最多，约占70%。

2. 线路保护及自动重合闸装置

（1）35kV 线路保护：三段式过电流保护，三相一次重合闸。

　　　10kV 线路保护：三段式过电流保护，三相一次重合闸。

（2）重合闸装置

1）停用方式：线路上发生任何形式的故障时，均断开三相不进行重合闸。

2）三相重合闸方式：线路上发生任何形式的故障时，均实现三相自动重合闸。当重合到永久性故障时，断开三相并不再进行重合闸。

3）综合重合闸方式：线路上发生单相故障时，实现单相自动重合闸，当重合到永久性单相故障时，如不允许长期非全相运行，则应断开三相并不再进行自动重合闸。线路上发

生相间故障时,实行三相自动重合闸,当重合到永久性相间故障时,断开三相并不再进行自动重合闸。

3. 线路故障处理流程（见图4-6）

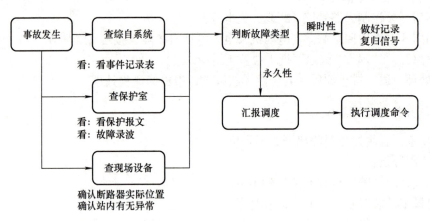

图4-6　线路故障处理流程

1）当线路保护动作、断路器跳闸后,应对故障跳闸后发生的现象认真检查。根据断路器变位信息、电压/电流、有功/无功变化情况、各类光字牌信号、仪表指示、故障录波器的动作情况,分析和判断保护及自动装置的动作行为,打印事故跳闸报告、录波报告,将检查情况汇报调度及上级主管部门,并做好相关记录。

2）检查变电站范围内是否有事故点,无事故点应立即汇报调度,并根据调度命令执行。如事故点在变电站范围内,汇报调度并按调度指令隔离事故点,将线路转检修处理。

3）线路保护动作跳闸,无论重合闸装置是否动作或重合闸成功与否,均应对跳闸断路器进行外观检查,主要检查断路器的三相位置、油位、油色、有无喷油现象,SF_6断路器有无漏气现象、压力是否正常等。另外,还要检查断路器所连接设备、出线部分有无短路、接地、放电闪络、断线等异常情况。

4）如果重合闸成功,且本站录波器正确动作,检查站内设备无任何异常迹象,并证实断路器确认线路发生单相瞬时性故障,应立即汇报调度员。

5）做好相关记录,如记录保护及自动装置屏上的所有信号,并检查重合闸灯是否点亮,记录完毕后,打印故障报告,复归信号,并汇报上级有关领导。

6）故障处理完毕后,运行值班长还应详细填写故障跳闸记录,整理故障报告,并将整个处理过程记入运行日志。

三、线路故障处理

1. 线路瞬时性故障

（1）现象：

1）监控后台、保护装置发出"线路保护动作""重合闸动作"信号。

项目4　异常、故障处理 / 任务1　断路器异常、线路故障处理

2）断路器在合闸位置，相应电流、有功、无功指示正常。

（2）处理：

1）检查监控后台跳闸情况、负荷变化。

2）检查站内线路保护装置动作情况，确认一次设备是否发生故障。

3）检查重合闸装置动作情况。

4）检查相应线路断路器是否在合闸位置及断路器压力、操动机构是否正常。

5）检查站内线路保护范围内设备有无故障特征。

6）确认动作原因，汇报调控人员。做好记录。

2. 线路永久性故障

（1）现象：

1）监控后台、保护装置发出"线路保护动作""重合闸动作"信号。

2）线路断路器在分闸位置，相应电流、有功、无功指示为零。

（2）处理：

1）检查监控后台跳闸情况、负荷变化。

2）检查站内线路保护装置动作情况，确认线路故障性质（相别、距离）。

3）检查重合闸装置动作情况。

4）检查相应线路断路器是否在分闸位置及断路器压力、操动机构是否正常。

5）检查站内线路保护范围内设备有无故障特征。

6）确认动作原因，汇报调控人员。做好记录。

任务 2 互感器异常、母线故障处理

> **学习目标**

（1）能根据互感器异常现象分析异常原因。
（2）能根据母线故障现象分析故障原因。
（3）能处理互感器异常。
（4）能处理 35kV、10kV 母线故障。

> **课时计划**

子任务	任务内容	参考课时
1	互感器异常处理	2
2	35kV、10kV 母线故障处理	4
合计		6

一、互感器异常处理

1. 互感器末屏接地不良

（1）现象：末屏接地处有放电声响及发热迹象，夜间熄灯可见放电火花、电晕。
（2）原因分析：
1）接地螺栓松动、锈蚀。
2）接地线接触不良、断线。
（3）处理：立即停电，报检修流程处理。

2. 互感器本体渗漏油处理

（1）现象：本体套管、放（注）油阀、法兰、金属膨胀器、引线接头等部位有油污痕迹或油珠滴落现象；检查器身下部地面有油渍；油位下降。
（2）原因分析：
1）密封不严。
2）密封圈破裂。
（3）处理：逐一排查原因，根据漏油程度，报检修流程处理。

3. 互感器运行异常声响

（1）现象：运行声音异常。
（2）原因分析及处理：
1）互感器内部出现"嗡嗡"较大噪声，应检查二次回路是否正常。
2）互感器声响比平时增大且均匀，应检查是否出现过电压、过负荷、谐振、谐波，汇报、联系检修人员检查。

项目 4　异常、故障处理／任务 2　互感器异常、母线故障处理

3）互感器内部有"噼啪"声放电，判断为本体内部故障。汇报，申请停运处理。
4）互感器异常声响较轻，应加强监视，按缺陷流程上报。

4. 电流互感器二次开路

（1）现象：监控后台发出"TA 断线"信号，相关电流、功率指示为零或降低。
（2）原因分析：
1）本体二次端子松动、锈蚀、脱落。
2）保护、计量、测量回路二次断线，端子松动、脱落。
（3）处理：
1）穿绝缘鞋、戴绝缘手套，两人查找二次回路有无打火、开路现象，找到开路点。
2）若二次开路引起继电保护及自动装置异常，申请停用相关电流保护及自动装置。
3）二次开路应申请降低负荷。
4）二次开路不能消除，应申请停运处理。

5. 电压互感器二次电压异常

（1）现象：监控后台发出"TV 断线""TV 断线闭锁"信号，相关电压指示降低、波动或升高，异常越限。
（2）原因分析：
1）本体二次端子松动、锈蚀、脱落、短路。
2）保护、计量、测量回路二次断线，端子松动、脱落、短路。
（3）处理：
1）若二次电压异常对继电保护、自动装置有影响，应采取措施防止误动、拒动（如停用压板、启动备用等）。
2）检查二次电源进线侧电压，如电压正常，则检查二次低压开关及二次回路；如电压异常，则检查设备本体及高压熔断器。
3）二次低压开关跳闸或熔断器熔断，应试送一次，不成功则汇报申请停运处理。
4）中性点非有效接地系统，应检查现场有无接地现象、互感器有无异常声响。
5）若二次电压波动、二次电压低、二次电压高或开口三角电压高，应检查二次回路有无松动及本体有无异常，并联系检修人员处理。
6）异常不能消除，应申请停运处理。

二、母线故障处理

1. 35kV 变电站母线故障

（1）35kV 母线：未装设独立的母线保护装置，母线故障由对侧线路保护后备段动作切除故障，将导致全站失压。
（2）10kV 母线：未装设独立的母线保护装置，母线故障由变压器低压侧后备保护动作切除故障，将导致部分站用电失电压。

2. 35kV 母线故障

（1）现象：

1）监控后台、保护装置发出全站失压相关信号。

2）站用交流系统失压，直流系统由蓄电池供电。

（2）处理：

1）检查相应母线保护动作情况，确认一次设备是否发生故障，并尽快将故障情况汇报给调度。

2）断开失电压母线上的全部断路器。

3）接入 10kV 备用电源进线，尽快恢复站用电。

4）仔细检查母线范围内设备，确认断路器分合位置，尽快找到故障点。

5）根据指令隔离故障点，恢复无故障设备运行。

3. 10kV 母线故障

（1）现象：

1）监控后台、保护装置发出母线Ⅰ段失电压相关信号。

2）站用交流低压装置 ATC 动作。

（2）处理：

1）检查相应母线保护动作情况，确认一次设备是否发生故障，汇报给调度。

2）断开失电压母线上的全部断路器。

3）检查站用交流低压侧 ATC 切换正常，400V 母线电压正常。

4）查找 10kV 母线设备，确认故障位置，汇报给调度，联系检修处理。

4. 单相接地故障

（1）现象：

1）监控后台发出母线接地信号。

2）母线电压显示一相对地电压降低（或为零），另两相对地电压升高（或升为线电压）。

（2）处理：

1）检查电压指示，判断接地相别、性质，记录接地起始时间（允许继续运行 2h）。

2）根据选线装置初步判断故障点位置、区域。

3）对站内设备仔细查找，确认故障点位置。查找时必须穿绝缘鞋，戴绝缘手套，防止接地跨步电压伤害。

4）若选线装置定位不准，可采用"拉路法"分步查找。一般拉路查找顺序是：空载（备用）线路、有备用电源线路、易发生故障线路、非重要用户线路、长线路、短线路、重要用户线路、主变、母线等。

5）确认接地位置后，汇报给调度，停电处理。

任务3 变压器异常、故障处理

> **学习目标**

（1）能根据变压器异常现象分析异常原因。
（2）能根据变压器故障现象分析故障原因。
（3）能处理变压器异常。
（4）能处理主变压器故障。

> **课时计划**

子任务	任务内容	参考课时
1	变压器异常处理	2
2	主变压器故障处理	4
	合计	6

一、变压器异常处理

1. 变压器油温异常

（1）现象：监控后台发出"变压器油温高"报警信号。
（2）原因分析：
1）温度测量回路异常或温度表计故障（指针卡涩、表计破裂进水等）。
2）变压器冷却器阀门未开，散热装置故障。
3）变压器负荷大幅增长。
（3）处理：逐一排查原因，若仍然无法解决，报检修流程处理。

2. 变压器油位异常

（1）现象：监控后台发出"油位异常"信号，油位计显示油位不在正常范围。
（2）原因分析：
1）变压器严重漏油。
2）变压器呼吸器堵塞。
3）油位计故障导致假油位（堵塞、破裂等）。
（3）处理：逐一排查原因，若仍然无法解决，报检修流程处理。

3. 变压器套管异常

（1）现象：套管渗漏油、油位异常、末屏放电等。
（2）原因分析：
1）套管密封不严导致渗漏油。
2）渗漏油（内漏、外漏）导致油位异常。

3）套管末屏接地回路锈蚀、松脱等导致接触不良放电。
（3）处理：逐一排查原因，根据异常的危险程度，报检修流程处理。

4. 变压器运行声音异常

（1）现象：变压器发出异于正常运行的声音。

（2）原因分析及处理：

1）变压器发出电火花、爆裂声，应立即申请停运处理。

2）变压器发出放电的"啪啪"声，应进一步判断内部是否存在局部放电，或联系检修处理。

3）变压器发出水的沸腾声，应检查轻瓦斯保护是否报警、充氮灭火装置是否漏气，或联系检修人员处理。

4）变压器发出有连续的、有规律的撞击或摩擦声，应检查冷却器、风扇等附件是否振动，或联系检修人员处理。

5）变压器发出放电的"吱吱"声，应检查器身或套管外表面是否有局部放电或电晕，试验班组用紫外成像仪协助判断。

6）变压器发出较平常大而均匀的声音，应检查是否过电压、过负荷、铁磁共振、谐波或直流偏磁引起。

5. 变压器轻瓦斯报警

（1）现象：监控后台发出"轻瓦斯动作"报警信号，气体继电器内有集气。

（2）原因分析：

1）变压器渗漏油。

2）二次回路、油路上有人工作。

3）变压器内部有轻微故障。

4）变压器内部渗入空气。

（3）处理：逐一排查原因，必要时取气分析。

1）气体无色、不可燃，判断为空气，可排空气体，做好记录。

2）气体黄色、淡灰色、灰黑色、可燃，或油色谱分析判断为变压器内部故障，应申请停运变压器。

二、主变压器故障处理

1. 主变压器内部、引线故障

（1）现象：

1）监控后台、保护装置发出主变压器主保护动作信号。

2）主变压器两侧断路器跳闸。

3）10kV 备自投装置动作。

（2）处理：

1）检查站用电系统是否受影响，若站用电系统失电，应尽快恢复正常供电。

项目 4　异常、故障处理 / 任务 3　变压器异常、故障处理

2）确认变压器各侧断路器跳闸后，应立即停运变压器冷却器。

3）现场检查变压器保护范围内一次设备。

4）若重瓦斯保护动作，重点检查变压器有无喷油、漏油，气体继电器内有无气体，本体油温、油位变化情况。

5）若仅差动保护动作，重点检查套管、引线、避雷器、隔离开关等。

6）如果备自投装置正确动作，根据调令退出该备自投装置。如果没有正确动作，检查具备条件后，根据调令退出备自投装置后，立即合上备用断路器，恢复失电母线所带负载。

7）检查运行变压器是否过负荷。根据负荷情况，投入冷却器或汇报调控人员转移负荷。

8）根据检查分析判断故障设备，若是设备故障，应快速隔离故障设备；若是保护误动，应尽快查明误动原因。

9）记录保护动作及一、二次设备检查结果并汇报给调控人员。

2. 主变压器外部故障，后备保护动作

（1）现象：

1）监控后台、保护装置发出主变压器后备保护动作信号。

2）主变压器低压侧断路器跳闸。

3）10kV 备自投装置动作。

（2）处理：

1）对变压器后备保护范围内一次设备（包括变压器相邻的母线设备）进行检查。

2）检查失电压母线及各出线断路器，根据调度命令转移负荷。

3）根据检查分析判断故障设备，若是设备故障或出线断路器越级跳闸，应快速隔离故障设备。

4）分析判断是否存在越级跳闸现象。

5）记录保护动作及一、二次设备检查结果并汇报给调控人员。

任务4　站用交直流系统故障处理

学习目标

（1）能根据站用交直流系统异常现象分析异常原因。
（2）能根据站用交直流系统故障现象分析故障原因。
（3）能处理站用交直流系统异常和故障。

课时计划

4课时。

一、站用交流系统故障处理

1. 站用电备自投装置异常告警

（1）现象：备自投装置发出闭锁、失电告警信息。
（2）原因分析及处理：
1）检查备自投方式是否选择正确，检查备自投装置的交流采样和交流输入情况。
2）若外部交流输入回路异常或断线告警时，发现备自投装置运行灯熄灭，应将备自投装置退出运行。
3）备自投装置电源消失或直流电源接地后，应及时检查，停止现场与电源回路有关工作，尽快恢复备自投装置运行。
4）备自投装置动作且备用电源断路器未合上时，应检查工作电源断路器已断开，站用交流电源系统无故障后，手动投入备用电源断路器。
5）检查备自投装置告警是否可以复归，必要时将备自投装置退出运行，联系检修处理。

2. 站用变压器故障

（1）现象：某台站用变压器跳闸；站用变高压熔断器熔断，ATC动作或一段母线失压。
（2）处理：
1）检查故障站用变动作信号。
2）现场检查站用变外观、支柱绝缘子、套管等有无短路放电现象，变压器本体是否存在异常。
3）检查ATC装置动作情况，切换是否成功。若不成功，查找原因，分辨是否存在母线故障。
4）检查站用变低压侧断路器确已断开，拉开故障段母线所有馈线支路的低压断路器，查找故障点。
5）信息详细汇报给当值的调度监控人员。
6）隔离故障站用变压器，恢复受影响的站用母线运行，并做好记录。

3. 站用交流母线全部失压

（1）现象：全部站用交流母线进线断路器跳闸，低压侧电流、功率显示为零。

(2)处理：

1)检查站用交流电源柜电压、电流表计指示为零，低压断路器失压脱扣动作，馈线支路电流为零。

2)检查是否系统失电引起站用电消失。

3)若有外接的备用站用变压器，拉开本站用变低压侧断路器，投入备用站用变，恢复站用电系统。

4)汇报上级管理部门，必要时申请使用发电车恢复站用电系统。

二、站用直流系统故障处理

1. 直流母线电压异常

（1）现象：监控系统发出直流母线电压异常等告警信号；直流母线电压过高或者过低。

（2）原因分析及处理：

1)测量直流系统对地电压，检查直流负荷情况，检查继电器动作情况。

2)检查充电装置输出电压和蓄电池充电方式，综合判断直流母线电压是否异常。

3)若因蓄电池未自动切换至浮充电运行方式导致直流母线电压异常，应手动调整到浮充运行方式。

4)若因充电装置故障导致直流母线电压异常，应停用该充电装置，投入备用充电装置；或调整直流系统运行方式，由另一段直流系统带全站负荷。

5)检查直流母线电压正常后，联系检修人员处理。

2. 蓄电池容量不合格

（1）现象：蓄电池容量低于额定容量的80%；或蓄电池内阻异常、电池电压异常。

（2）原因分析及处理：

1)发现蓄电池内阻异常或电池电压异常时，应开展核对性充放电试验，用反复充放电方法恢复容量。

2)若连续三次充放电循环后，仍达不到额定容量的100%，应加强监视，并缩短单个电池电压普测周期；若达不到额定容量的80%，应联系检修人员处理。

3. 直流系统接地

（1）现象：

1)绝缘监测装置显示接地极对地电压下降、另一极对地电压上升（如正对地升至220V或负对地升至−220V）。

2)对于220V直流系统两极对地电压绝对值差超过40V或绝缘电阻降低到25kΩ以下，110V直流系统两极对地电压绝对值差超过20V或绝缘电阻降低到15kΩ以下，视为直流接地。

（2）原因分析及处理：

1)直流接地后，应记录时间、接地极、绝缘监测装置提示的支路号和绝缘电阻等信息。

2)用万用表测量直流母线正对地、负对地电压，与绝缘监测装置核对后，汇报给调控人员。

3）分析是否为天气原因或二次回路上有工作。可以试拉直流试验电源检查是否为检修工作引起。

4）比较潮湿的天气，应首先重点检查端子箱和机构箱直流端子排，对凝露的端子排用干抹布擦干或用电吹风烘干，并将驱潮器投入。

5）对于非控制及保护回路，可使用拉路法查找接地。按照事故照明回路、防误闭锁回路、户外合闸（储能）回路、户内合闸（储能）回路的顺序进行查找。其他回路的查找，应在检修人员到现场后，配合进行查找处理。

6）保护及控制回路宜采用便携式仪器带电查找，如要采用拉路法查找，需汇报给调控人员，申请退出可能误动的保护。

7）用拉路法未找到直流接地回路，应联系检修人员处理。

项目 5

开关柜检修

知识点 1　检修要求、工作票填写

学习目标

（1）能表述检修分类、检修流程及安全注意事项。
（2）能填写 C、D 类检修工作票。

课时计划

4 课时。

一、检修管理

1. 检修分类

变电检修包括例行检修、大修、技改、抢修、消缺、反措执行等工作，按停电范围、风险等级、管控难度等情况分为大型检修、中型检修、小型检修三类。

2. 开关柜检修

（1）A 类检修：指整体性检修。检修项目包含整体更换、解体检修。
（2）B 类检修：指局部性检修。包含部件的解体检查、维修及更换。
（3）C 类检修：指例行检查及试验。包含整体检查、维护及调试。
（4）D 类检修：指在不停电状态下进行的检修。包含专业巡视、辅助二次元器件更换、柜体防腐处理、零部件维护、SF_6 充气等不停电工作。

二、检修流程

1. 检修准备

（1）检修计划下达后，应在检修前做好检修计划的落实，组织开展检修前查勘。
1）工作负责人负责检修前查勘。
2）现场查勘时，严禁改变设备状态或进行其他与查勘无关的工作，严禁移开或越过遮栏,并注意与带电部位保持足够的安全距离。

3)核对检修设备台账、参数。

4)梳理检修任务,清理反措、精益化管理要求执行情况。

5)确定停电范围、相邻带电设备。

6)明确作业流程,分析检修、施工时存在的安全风险,制订安全保障措施。

(2)做好人员准备,明确责任和分工。

(3)做好工器具及物质准备。

2. 检修方案

(1)编制检修方案和检修标准作业卡。

(2)完成检修方案和标准作业卡审核。

3. 检修现场管理

(1)检修项目实行工作负责人制。

(2)工作负责人负责作业现场生产组织与总体协调。

(3)工作负责人应向工作班成员、外包施工人员等交代工作内容、人员分工、安全风险辨识与控制措施,当日工作结束后应进行工作点评。

(4)工作负责人对现场作业全过程的安全、质量、进度和文明施工负责。

4. 检修验收

(1)故障发生后,应在 1h 内汇报故障简要情况。

(2)启动故障抢修预案,组织相关单位实施故障抢修。

(3)成立故障抢修工作组,组织抢修工作。

(4)故障抢修时,应确保关键工序执行到位,抢修结束后做好有关工作的原始记录。

(5)故障抢修工作结束后将抢修情况报告省公司运检部。

5. 故障抢修流程

(1)检修验收是指检修工作全部完成或关键环节阶段性完成后,在申请项目验收前,对所检修的项目进行的自验收。

(2)班组自验收是由班组负责人对检修工作的所有工序进行全面检查验收。

(3)对验收不合格的工序或项目,检修班组应重新组织检修,直至验收合格。

(4)验收情况记录在检修标准作业指导卡中。

三、标准化作业

1. 标准化作业指导卡编制

（1）标准化作业指导卡的编制原则为任务单一、步骤清晰、语句简练。

（2）标准化作业指导卡由检修工作负责人及检修小组按模板编制，专业工程师负责审核。

（3）标准化作业指导卡正文分为基本作业信息、工序要求（含风险辨识与预控措施）两部分。

（4）编制标准化作业指导卡前，应根据作业内容开展现场查勘，确认工作任务是否全面，并根据现场环境开展安全风险辨识，制订预控措施。

（5）工艺标准及要求应具体、详细，有数据控制要求的应标明。

（6）标准化作业指导卡编号应具有唯一性，按"任务单编号（或工作票编号）+设备双重编号+专业代码+序号"的规则进行编号。

（7）标准化作业指导卡的编审工作应在开工前一天完成。

2. 标准化作业指导卡执行要求

（1）现场工作开工前，工作负责人应组织全体作业人员学习标准化作业指导卡，重点交代人员分工、关键工序、安全风险辨识和预控措施等。

（2）工作过程中，工作负责人应对安全风险、关键工艺要求及时进行提醒。

（3）工作负责人应及时在标准化作业指导卡上对已完成的工序打钩，并记录有关数据。

（4）全部工作完毕后，全体工作人员应在标准化作业指导卡中签名确认；工作负责人应对现场标准化作业情况进行评价，针对问题提出改进措施。

（5）已执行的标准化作业指导卡至少应保留一个检修周期。

3. 标准化作业指导卡模板

变电站检修标准化作业指导卡

作业卡编号	变电站名称+工作类别+年月+序号	作业卡编制人		作业卡批准人	
设备编号		工作时间		年 月 日 时 分至 时 分	
作业负责人		检修人员			
一、检修准备阶段					
序号	准备工作	内容			执行结果（√）
1	作业条件				
2	工器具、材料				
3	查勘				
4	工作票				
5	人员要求				
6	备品备件				
7	危险点				
8	安全措施				
二、检修实施阶段					

1. 开工

序号	内容	执行结果（√）	签字
1			
2			
3			
4			
…	…	…	

2. 检修内容及标准

序号	关键工序	质量标准及要求	危险点及措施	执行情况
1				
2				
3				
…	…	…	…	…

3. 收工

序号	内容	执行结果（√）	签字
1			
2			
3			…

三、验收记录			
自验收	改进和更换的零部件		
	存在问题及处理意见		
验收意见	自评价及签字		
	作业卡执行情况		
	部门验收意见		
检修人员签字			

项目 5　开关柜检修 / 知识点 1　检修要求、工作票填写

四、工作票填写

1. 工作票制度

（1）第一种工作票，包括下列工作：
1）高压设备上工作，需要全部停电或部分停电的工作。
2）二次系统和照明等回路上的工作，需要将高压设备停电的工作或做安全措施的工作。
3）变电站（发电厂）内部高压电力电缆需停电的工作。
4）其他需要将高压设备停电或要做安全措施的工作。
（2）第二种工作票，包括下列工作：
1）控制盘和低压配电盘、配电箱、电源干线上的工作。
2）二次系统和照明等回路上的工作，无需将高压设备停电者或做安全措施的工作。
3）非运行人员用绝缘棒和电压互感器定相或用钳型电流表测量高压回路电流的工作。
4）变电所内部高压电力电缆无需停电的工作。
（3）工作票的签发与填写：
1）工作票签发人应由熟悉安全规程的生产领导人、技术人员或经批准的人员担任。
2）工作票由检修设备管理单位签发。
3）一张工作票中，工作负责人和工作许可人不得兼任。
4）工作票的签发，必要时应到工作现场勘察清楚。
5）工作票原则上用微机填写，特殊情况下也可手工填写。
（4）下列内容必须填入工作票安措栏内：
1）应装接地线或应合接地隔离开关。
2）应设遮栏，应挂标示牌。
3）必须退出与检修设备有关的各种电源。
4）退出检修设备与运行设备有关的二次回路插件、压板等。
5）工作地点保留的带电部分。
6）红布帘、红布幔的设置。
7）其他补充安全措施。
（5）变电站（发电厂）工作票下列五项不得涂改：
1）工作地点。
2）设备名称编号。
3）接地线装设地点、编号。
4）计划工作时间、许可开始工作时间、工作延期时间、工作终结时间。
5）操作动词。操作动词主要是指能够改变设备状态的动作行为。
（6）工作票应由工作票签发人审核无误，手工或电子签名后方可正式签发。
（7）填写工作票时，所有栏目不得空白，若没有内容应填"无"。
（8）工作许可：
1）工作许可人应履行相关安全责任。
2）工作许可人在完成施工现场的安全措施后，还应到现场再次检查、确认，方可开工。

3）工作负责人、专责监护人应向工作班成员交代工作内容、人员分工，进行危险点告知。

4）工作负责人应根据现场安全条件、范围、工作需要等情况，增设专责监护人。

（9）工作任务变更：

1）在原工作票的停电范围内增加工作任务时，应征得工作票签发人和工作许可人同意。

2）变更工作任务应与签发人联系，由工作负责人在工作票上注明。

（10）工作延期：

1）第一、二种工作票和带电作业票的有效时间，以批准的检修期为限。

2）第一、二种工作票须办理延期手续，应由工作负责人提出申请、批准后办理。

3）第一、二种工作票只能延期一次，带电作业工作票不准延期。

（11）工作间断：

1）工作间断期间，工作人员应从工作现场撤出，所有安全措施保持不动。

2）每日收工，工作人员应清扫工作场地，开放封闭通道。

（12）工作转移：

1）在未办理工作票终结手续以前，任何人员不准将停电设备合闸送电。

2）在同一电气连接部分用一张工作票转移工作时，无需再办理转移手续。

（13）工作终结：

1）待工作结束，清理完毕，经验收合格，工作人员全部撤离，方可办理工作终结手续。

2）待工作票上临时安全措施均已拆除，双方签字确认后工作票方可终结。

（14）安全措施实施要求

1）断路器检修，必须断开被检修断路器和相应电动隔离开关的操作能源，遥控操作回路，其他相关保护、自动装置等联跳本断路器的回路。

2）电流互感器检修或处于检修状态时，其电流互感器二次侧必须退出并短接接地。

3）保护及自动装置检修，应断开保护及自动装置的交、直流电源，必须断开本装置至其他装置及其他装置至被检修装置的二次回路。

4）在一经合闸即可送电到工作地点的断路器及两侧隔离开关的操作把手上，均应悬挂"禁止合闸，有人工作！"或"禁止合闸，线路有人工作！"的标示牌。

5）断路器检修时，本断路器远控操作把手和按钮必须悬挂或设置"禁止合闸，有人工作！"的标示牌或标志。

6）对于手车式开关柜，在线路检修时，应在柜门上悬挂"禁止合闸，线路有人工作"标示牌。

7）在控制、保护屏、计量屏上进行工作，在被检修屏的前后放置"在此工作！"标示牌。

8）应断开停电检修设备可能来电侧的断路器、隔离开关（负荷开关、熔断器），手车开关必须拉至试验或检修位置，使各方面有一个明显的断开点。

9）与停电设备有关的变压器和电压互感器，应将设备各侧断开，防止向停电检修设备反送电。

10）应断开检修设备和可能来电侧的断路器、隔离开关的控制（操作）电源、储能电源。

11）应断开检修设备的遥控操作回路，将遥控执行断路器由"远方"改为"就地"。

12）应断开相关校验保护、自动装置的交、直流电源及联跳、启动等回路。

13）在电流回路上进行检修工作，应将相关电流回路短接退出。

项目5 开关柜检修／知识点1 检修要求、工作票填写

14)应在停电检修设备可能来电侧的各侧均装设接地线（接地隔离开关）。

15)在二次屏柜上工作时，若相邻屏柜没有柜门或设有"运行设备"提示，变电运维人员必须加设红布幔将检修设备与运行设备进行隔离标示。

16)开工前工作票内的安全措施应全部一次完成。

2. 工作票填写

（1）工作票填写规范性要求：

1)字符：阿拉伯数字、英文字母、符号采用半角字符，标点符号采用半角中文字符。

2)电压单位：V、kV。k为英文小写，V为英文大写。

（2）操作动词：见表5-1。

表 5-1 操作动词

操作设备	操作动词
断路器、隔离开关、接地隔离开关	合上、拉开
接地线	装设、拆除
手车	拉至、推至、摇至
各种熔丝	放上、取下
继电保护及自动装置	启用、停用
二次压板	投入、退出、切至
交直流回路各种转换开关	切至
保护二次回路插把	插入、拔出
二次断路器	合上、分开
二次回路小隔离开关	合上、拉开

（3）工作票典型术语（以第一种工作票为例）

1)工作地点：35kV设备区、主控室、蓄电池室、10kV高压开关室等。

2)设备双重名称：应与设备现场标识名称、编号一致，如"35kV城关一线303断路器"。

3)工作内容：断路器检修、隔离开关维护、保护消缺（应注明具体缺陷内容）等。

4)应拉断路器（开关）、隔离开关（隔离开关）：

①应拉开×××、×××断路器。

②应拉开×××、×××隔离开关。

③应将×××开关手车拉至试验（或检修）位置。

5)应装接地线、应合接地隔离开关：

①应合上×××、×××接地隔离开关。

②应在×××与×××之间装设接地线一组（　）。

③应在×××隔离开关线路侧装设接地线一组（　）。

6)应设遮栏、应装设标示牌及防止二次回路误碰等措施：

①应在×××断路器和×××隔离开关、×××手车操作处挂"禁止合闸，有人工作"标示牌。

② 应在工作地点与邻近带电设备装设围栏，并挂"止步，高压危险"标示牌，在围栏入口处装设"在此工作""从此进出"标示牌。

③ 应将与×××保护相邻的非检修设备用红布幔遮设，在屏前后装设"在此工作"标示牌。

④ 应将×××断路器远方/就地转换开关由"远方"位置切至"就地"位置。

⑤ 应断开×××电压互感器二次回路。

⑥ 应断开×××所用变二次负载。

7）工作地点保留带电部分或注意事项（由工作票签发人填写）：

① 严格保持与带电部位的安全距离：××kV 大于 ×m。

② ×××隔离开关母线侧、×××隔离开关线路侧带电。

③ ×××时电流互感器二次端子应短接。

8）补充工作地点保留带电部分和安全措施（由工作许可人填写）：

相邻×××、×××间隔（或保护、装置等）运行中。

9）备注：其他事项。

① ××号、××号接地线在×××工作票中继续使用，故未拆除。

② ×××接地隔离开关在×××工作票中继续使用，故未拉开。

③ ×××接地隔离开关由调度发令执行，故未拉开。

④ ××号接地线由调度发令执行，故未拆除。

第一种工作票、第二种工作票模板见任务书。

项目5 开关柜检修 / 任务1 开关柜专业巡视和例行检查

任务1 开关柜专业巡视和例行检查

▶ 学习目标

（1）能编制（填写）变配电一次设备专业巡视和例行检查作业指导卡。
（2）能按照设备作业指导卡要求进行专业巡视和例行检查。

▶ 课时计划

6课时。

▶ 情境引入

运行巡视与专业巡视均是在设备不停电情况下进行的维护检查工作。两者目的一样，都是为了及时发现和消除设备缺陷，预防事故发生，确保设备安全运行。但专业巡视与运行巡视不同，着重于对设备本身机械结构、电气功能进行的检查。

例行检查是在设备停电后对设备进行的全面检查和试验，目的是进一步发现设备隐患和缺陷，及时处理。专业巡视应根据设备实际情况编制作业指导卡（参见项目1任务1），按指导卡标准完成设备巡视工作。例行检查需填写工作票后开展工作。

一、开关柜专业巡视

1. 开关柜本体（见图5-1）

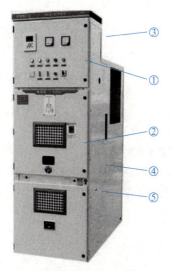

①—漆面完整、外部螺栓紧固
②—观察窗、柜门完整
③—泄压通道无异常
④—开关柜无异响、异味
⑤—柜内照明正常，母线桥箱无变形

图5-1 开关柜本体

2. 断路器室（见图 5-2）

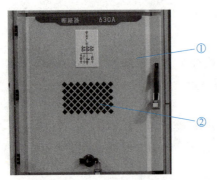

图 5-2 断路器室

①—无异响、异味、变形
②—分合指示正确

3. 电缆室（见图 5-3）

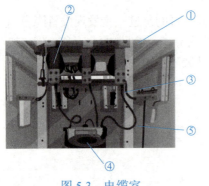

图 5-3 电缆室

①—无异响、异味，设备无凝露、破损、放电
②—接线板无位移、过热
③—电缆相位标记清晰，电缆屏蔽层接地线固定牢固、接触良好
④—零序电流互感器应固定牢固、地刀位置正确
⑤—电缆终端不交叉接触，绝缘包封良好

4. 仪表室（见图 5-4）

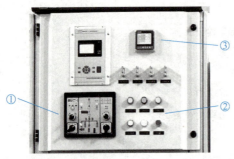

图 5-4 仪表室

①—带电显示装置显示正常
②—断路器分合闸、手车位置及储能指示显示正常
③—自动温湿度控制器工作正常

二、开关柜例行检查

1. 开关柜柜体

（1）安全要求：工作时与相邻带电开关柜及功能隔室保持足够的安全距离或采取可靠的

项目 5 开关柜检修 / 任务 1 开关柜专业巡视和例行检查

隔离措施。

（2）检查项目：见图 5-5。

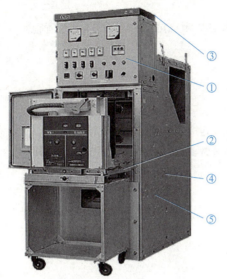

①—漆面完整、外部螺栓紧固
②—观察窗、柜门完整，防爆性能完好
③—泄压通道符合要求
④—接地线连接螺栓牢固
⑤—柜体门把手、密封良好，螺栓紧固

图 5-5 开关柜检查项目

2. 高压带电显示装置

（1）安全要求：

1）断开与电缆室相关的各类电源并确认无电压。

2）工作时与相邻带电开关柜及功能隔室保持足够的安全距离或采取可靠的隔离措施。

（2）检查项目：见图 5-6。

①—外观清洁、无破损
②—带电显示装置自检合格
③—二次接线整洁，接线紧固
④—装置固定牢固

图 5-6 高压带电显示装置检查项目

3. 电气主回路

（1）安全要求：

1）断开与开关柜相关的各类电源并确认无电压。

2）工作时与相邻带电开关柜及功能隔室保持足够的安全距离或采取可靠的隔离措施。

（2）检查项目：见图5-7。

①—外观清洁、无异物，连接部分接触良好，固定紧固

②—测量主回路电阻无异常，母线及分支接线应进行绝缘包封

图5-7　电气主回路检查项目

4. 辅助及控制回路

（1）安全要求：

1）断开与断路器相关的各类电源并确认无电压。

2）拆下的控制回路及电源线头所做标记正确、清晰，牢固，防潮措施可靠。

3）工作前，操作机构应充分释放所储能量。

（2）检查项目：见图5-8。

①—二次接线固定牢固，无脱落搭接

②—二次接线清洁，接线紧固

③—1000V兆欧表测量分闸、合闸控制回路的绝缘电阻合格

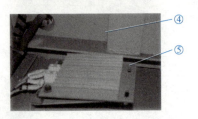

④—温湿度控制器清洁、接线牢固

⑤—加热器接线无松动，回路正常

图5-8　辅助及控制回路检查项目

项目 5 开关柜检修 / 任务 1 开关柜专业巡视和例行检查

⑥—手动分、合闸操作，分、合闸指示灯正常
⑦—手车断路器实际位置与位置指示灯指示一致
⑧—柜内照明正常

图 5-8　辅助及控制回路检查项目（续）

5. 断路器手车

（1）安全要求：
1）断开与断路器相关的各类电源并确认无电压。
2）工作前，操动机构应充分释放所储能量。
（2）检查项目：见图 5-9。

①—手车各部分外观清洁，联锁逻辑正确，推进退出灵活，隔离
　　挡板正确
②—触头表面无氧化、松动、烧伤
③—机械位置、弹簧及计数器正常

图 5-9　断路器手车检查项目

6. 断路器弹簧机构

（1）安全要求：
1）断开与断路器相关的各类电源并确认无电压。
2）工作前，操动机构应充分释放所储能量。
（2）检查项目：见图 5-10。

①—机构各紧固螺钉无松动，机械传动部件无变形、损坏
②—胶垫缓冲器橡胶无破碎、黏化

③—分合闸线圈电阻检测，检测结果符合要求
④—分合闸脱扣器在额定电源电压的允许范围内可靠动作

图 5-10　断路器弹簧机构检查项目

81

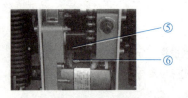

⑤—储能电动机工作电流及储能时间检测，检测结果符合要求

⑥—辅助回路和控制电缆、接地线外观完好，绝缘电阻符合要求

图 5-10　断路器弹簧机构检查项目（续）

7. 接地开关

（1）安全要求：

1）断开与接地开关相关的各类电源并确认无电压。

2）操作接地开关时，接地开关上严禁有人工作。

（2）检查项目：见图 5-11。

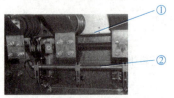

①—接地开关表面清洁，无污物，销钉齐全，传动部分转动灵活

②—手动拉合接地开关，分合闸可靠动作，带电显示装置联锁功能正常

图 5-11　接地开关检查项目

8. 电流互感器

（1）安全要求：

1）断开与电流互感器相关的各类电源并确认无电压。

2）拆下的电源线头所做标记正确、清晰、牢固，防潮措施可靠。

（2）检查项目：见图 5-12。

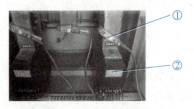

①—外观清洁、无破损，螺栓紧固，接线板无过热、变形

②—二次接线正确，清洁，紧固，外壳接地线良好，与带电部分保持足够安全距离

图 5-12　电流互感器检查项目

9. 电压互感器

（1）安全要求：

1）断开与电压互感器相关的各类电源并确认无电压。

2）拆下的电源线头所做标记正确、清晰、牢固，防潮措施可靠。

(2)检查项目:见图 5-13。

①—外观清洁、无破损,螺栓紧固,分接线连接紧固
②—二次接线正确,清洁,紧固,外壳接地线良好,与带电部分保持足够安全距离,电压互感器熔断器正常

图 5-13　电压互感器检查项目

10. 避雷器

(1)安全要求:

1)断开与避雷器相关的各类电源并确认无电压。

2)核实避雷器实际接线与一次系统图一致,对于与母线直接连接的避雷器,应将母线停电。

(2)检查项目:见图 5-14。

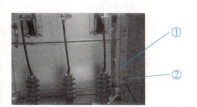

①—外观清洁、无破损,螺栓紧固
②—接地线固定良好,与带电部分保持足够安全距离

图 5-14　避雷器检查项目

11. 电缆及其连接

(1)安全要求:

1)断开与电缆相关的各类电源并确认无电压。

2)敞开式开关柜下方电缆沟为贯通式,进行单间隔检修时采取隔离措施,以防误入带电间隔。

(2)检查项目:见图 5-15。

①—电缆室清洁、无异物,孔洞封堵严密
②—电缆终端连接可靠,紧固螺栓无松动,绝缘无破损

图 5-15　电缆及其连接检查项目

12. 联锁性能

（1）安全要求：

1）断开与开关柜相关的各类电源并确认无电压。

2）工作期间，禁止随意解除闭锁装置。

（2）检查项目：见图 5-16。

①—接地刀开关在合闸位时，小车无法推入工作位置，小车在工作位置合闸后，小车断路器无法拉出

②—小车在试验位置合闸后，小车无法推入工作位置；小车在工作位置合闸后，小车断路器无法拉至试验位置

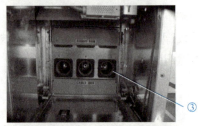

③—断路器手车拉出后，手车室隔离挡板自动关上，隔离高压带电部分

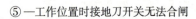

④—接地刀开关合闸后方可打开电缆室柜门，电缆室柜门关闭后，接地刀开关才可以分闸

⑤—工作位置时接地刀开关无法合闸

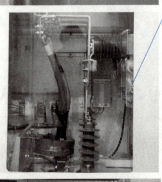

⑥—带电显示装置显示馈线侧带电时，馈线侧接地开关不能合闸

⑦—小车处于试验或检修位置时，才能插上和拔下二次插头

图 5-16 联锁检查项目

项目 5 开关柜检修 / 任务 2 开关柜部件更换

任务 2 开关柜部件更换

学习目标

（1）能编制（填写）开关柜部件（分合闸线圈、储能电动机、缓冲器、弹簧、控制断路器、带电指示器等）检修作业指导卡。
（2）能安全、规范开关柜部件更换工作。

课时计划

12 课时。

情境引入

运行设备发生异常、故障，或设备经过评价需要停电检修的，必须在待检修设备停电接地、安全措施完备的前提下进行检修工作。检修工作按时间紧急程度分为计划性检修和事故抢修两类，计划性检修需列入停电检修计划，编制检修方案，有步骤地进行；事故抢修则应在平时编制好抢修预案，保证启动后安全规范地完成检修工作。

开关柜部件更换是开关柜日常开展最多的检修工作，如开关柜分合闸线圈、储能电动机、缓冲器、弹簧、控制断路器、带电指示器等部件的更换，属维护性检修、抢修项目。需要编制标准作业卡、填写工作票开展检修，并在检修后完成自验收、检查、试验合格后方能再次投入运行。

一、部件更换检修准备

1. 工器具准备

见图 5-17。

工器具包括检修专用箱、万用表、电源线、绝缘表、机械特性测试仪、回路电阻测试仪、施工方案、标准作业卡、备品、备件等。

2. 工作票准备

办理工作票许可手续，召开班前会进行技术、安全交底，明确人员分工及工作流程。

图 5-17 工器具准备

3. 现场检查，布置安全措施

（1）检查手车开关已拖至试验或检修位置。
（2）检查出线电缆侧接地线已可靠装设。检查相邻间隔出线电缆侧接地线已可靠装设。

（3）检查控制电源、电动机电源确已断开。
（4）检查安全围栏、标识牌已设置好。

二、分合闸线圈更换

1. 设备检查

用 1000V 绝缘电阻表测量线圈绝缘电阻，绝缘电阻不小于 0.5MΩ；测量分、合闸线圈电阻值，符合技术要求且初始值差不超过 5%，如图 5-18 所示。

2. 二次接线记录

记录辅助开关、电动机、分合闸线圈二次接线，如图 5-19 所示。

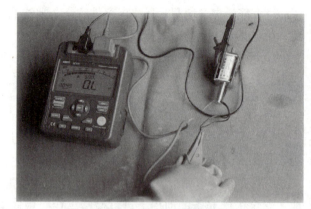

图 5-18　设备检查

3. 更换分合闸线圈

拆除二次接线和固定螺栓，更换分合闸电磁铁，如图 5-20 所示。按记录恢复接线。

图 5-19　二次接线记录

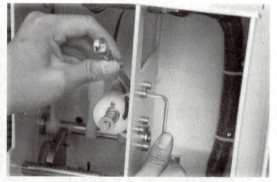

图 5-20　更换分合闸线圈

三、储能电动机更换

1. 设备检查

用 1000V 绝缘电阻表测量电动机绝缘电阻值，如图 5-21 所示，绝缘电阻值应不小于 2MΩ；检查直流电动机换向器状态良好，直流电阻值符合厂家技术要求。

图 5-21　设备检查

项目 5　开关柜检修 / 任务 2　开关柜部件更换

2. 二次接线记录

记录辅助开关、电动机、分合闸线圈二次接线，如图 5-22 所示。

3. 更换储能电动机

见图 5-23。

图 5-22　二次接线记录

a) 拆除电动机传动链条锁扣

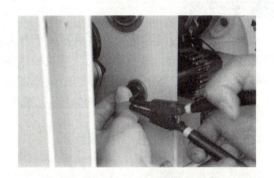

b) 拆除卡簧

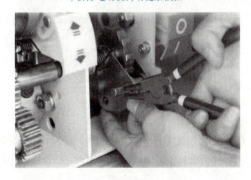

c) 拆除手动储能装置

d) 取出储能传动杆

e) 拆除电动机接线及固定螺栓后，取出电动机

f) 更换新电动机并复装

图 5-23　更换储能电动机

任务3　开关柜重要元件更换

> **学习目标**

（1）能编制（填写）开关柜重要元件（断路器、互感器、避雷器等）检修作业指导卡。
（2）能安全、规范完成开关柜重要元件更换工作。

> **课时计划**

12课时。

> **情境引入**

开关柜整体更换和重要元件更换属于开关柜小型检修、四类抢修项目。开关柜整体更换要求所接母线停电，影响面较大。开关柜重要元件包括断路器及小车、互感器、绝缘件、手车隔离开关、母线及分支、接地开关、避雷器等。检修前先编制计划、现场勘察，编制标准作业卡、填写工作票开展检修，并在检修后完成自验收、检查、试验合格后方能再次投入运行。

一、重要元件更换检修准备

1. 工器具准备

参见项目5任务2。

2. 工作票准备

参见项目5任务2。

3. 现场检查

检查母线接地线已可靠装设；检查站用变、检查出线电缆侧接地线已可靠装设；检查TV二次侧低压开关已断开，无反送电可能；检查相邻间隔出线电缆侧接地线已可靠装设，如图5-24所示。

图5-24　现场检查

项目 5　开关柜检修／任务 3　开关柜重要元件更换

二、手车断路器更换

1. 新设备开箱检查（见图 5-25）

检查各零部件及随厂资料齐全，设备外观完好无损坏。断路器型式、容量核对无误。

检查梅花触头镀层完好无损，弹簧性能良好、无退火，涂薄层中性凡士林。手车开关高压试验合格，具体参见项目 6 相关内容。

2. 旧设备拆除（见图 5-26）

图 5-25　新设备开箱检查

a) 取下航空插头

b) 手动分、合手车开关，操动机构释放所储能量

c) 用转运小车将手车开关拖出并转运至指定位置

图 5-26　旧设备拆除

3. 静触头更换

静触头更换如图 5-27 所示，其位置中心线应与手车开关一致。静触头三相中心应在同

一直线,并在表面涂薄层中性凡士林。

4. 轨道更换

打开轨道安装螺栓及固定封板,更换轨道,并在表面涂薄层润滑脂,如图 5-28 所示。

5. 隔离挡板检查

检查安全隔离挡板开启灵活,与手车的进出配合正常,其动作连杆润滑良好,如图 5-29 所示。

图 5-27 静触头更换

图 5-28 轨道更换

图 5-29 隔离挡板检查

6. 零部件检查

检查隔离挡板各附件齐全无缺损,如图 5-30 所示。

7. 控制插座及航空插头更换

拆除控制插座及航空插头二次接线并更换,如图 5-31 所示。拆除前做好记录,全部接线完成后检查二次回路正确无误。

8. 新手车开关安装

将新手车开关放置于试验位置,连接航空插头,如图 5-32 所示。

9. 动静触头配合检查

静触头表面涂抹凡士林,将手车开关置于工作位置后拆下静触头,如图 5-33a 所示。检查动静触头配合尺寸正确、接触紧密、插入深度符合要求,如图 5-33b 所示。

项目5 开关柜检修/任务3 开关柜重要元件更换

图 5-30 零部件检查

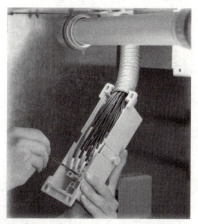

图 5-31 控制插座及航空插头更换

a)

b)

图 5-33 动静触头配合检查

图 5-32 新手车开关安装

10. 修后试验

参见项目6相关任务。

三、互感器更换

1. 新设备开箱检查（见图 5-34）

检查各零部件及随厂资料齐全，设备外观完好无损坏。

核对互感器安装尺寸无误。对比新旧互感器一、二次接线情况，并做详细记录，确认新互感器满足现场要求。

检查接线板金属表面完好无损，固定牢固，接触良好，涂薄层中性凡士林。

图 5-34　新设备开箱检查

2. 互感器一二次接线拆除（见图 5-35）

拆除互感器二次接线，拆前做好记录。

拆除互感器一次侧连接板及安装螺栓，互感器拆除后转运至指定位置。

3. 新互感器安装（见图 5-36）

根据互感器外观尺寸确定安装位置，确认互感器一次接线相间、对地的空气绝缘净距离符合要求。

图 5-35　互感器一二次接线拆除

按照原记录恢复互感器二次接线。
带负荷后重新办理开工手续,核对互感器二次极性符合保护和计量要求。

图 5-36　新互感器安装

4. 修后试验

参见项目 6 相关任务。

知识点 2 开关柜二次回路

学习目标

（1）能表述二次回路分类、组成及作用。
（2）能分析电流、电压、控制、闭锁等二次回路工作过程。
（3）能根据二次回路图查找二次回路各种故障。

课时计划

4 课时。

一、二次回路分类、作用

1. 分类

（1）交流电压/电流回路：通过 TA、TV 进行测量、指示、计量的回路。
（2）控制回路：控制断路器、隔离开关以及风扇、电动机等设备的回路。变电站中控制回路一般用直流电源，在无直流电源小站，也有采用交流电源的方式。
（3）信号回路：灯光、指示、监控部分的回路。
（4）保护装置与自动装置回路：保护及自动装置的交直流回路。
（5）保护室设置的光纤配线柜保护专用光缆。

2. 作用

二次接线的作用是监视一次系统的工作状态，控制一次系统并在一次系统发生故障时使故障部分退出工作，确保电网系统的操作能便利可靠安全运行。
（1）测量回路：测量或记录电气设备和输电线路的运行参数。
（2）控制回路：对变电站的断路器及隔离开关等设备进行远方或就地控制。
（3）信号回路：微机监视、故障及异常警报。
（4）保护回路：按需装设各种保护装置及自动装置以满足系统要求。
（5）直流系统：由充电模块和蓄电池组成，作为直流控制保护、信号电源。

二、二次回路图

1. 类型

二次回路图可分为二次施工图和二次安装图。
（1）按电源性质分为交流回路、直流回路。
1）交流电流回路：由电流互感器（TA）二次侧供电给测量仪表及继电器的电流线圈等所有电流元件的全部回路。
2）交流电压回路：由电压互感器（TV）二次侧及三相五柱电压互感器开口三角经升压

项目 5　开关柜检修 / 知识点 2　开关柜二次回路

变压器转换为 100V 供电给测量仪表及继电器等所有电压线圈以及信号电源等的回路。

3）直流回路：使用直流电源的回路。其中蓄电池适用于大、中型变、配电所，投资成本高。

（2）按用途分为测量回路、继电保护回路、开关控制及信号回路、断路器和隔离开关的电气闭锁回路、操作回路等。

1）操作回路：包括从监控屏操动（作）电源到断路器分合闸线圈之间的所有有关元件，如熔断器、控制开关、中间继电器的触点和线圈、接线端子等。

2）信号回路：包括光字牌、监测回路、音响回路（警铃、电笛），由信号继电器及保护元件到监测屏或由断路器操动机构到监测屏。

2. 二次施工图

根据工程规模和电压等级的高低，二次施工图包含以下部分：

（1）总的部分（公用部分）或者监控部分。
（2）各电压等级的线路二次图样。
（3）主变压器部分。
（4）直流部分。
（5）通信部分。
（6）继电保护原理图（白图）。

3. 二次安装图

二次安装图包括原理图、展开图、屏面布置图、端子排图、安装接线图五种。

（1）原理图：如图 5-37 所示，用来表示各个回路的工作原理和相互作用，图上不仅表示出二次回路中各元件的连接方式，还表示出与一次回路有关的部分。

（2）展开图：如图 5-38 所示，表明二次回路原理的图样，是原理图的一种实用形式，是绘制安装接线图的依据，施工中根据展开图查对回路，进行故障分析和试操作，因此展开图是二次接线中最重要的图样。

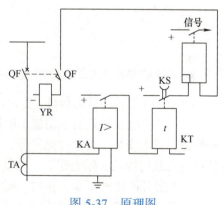

图 5-37　原理图

（3）屏面布置图：制造厂做屏布置设计、开孔及安装的依据。施工现场可用来核对屏的名称、用途及指导该屏上设备的拆装等。

（4）端子排图：表明屏内线路与屏外线路连接的图样。制造厂根据端子排图排列端子，并将屏内的二次接线配好，施工现场则将由其他设备引来的电缆与屏内端子排相连。

（5）安装接线图：即背面接线图，是原理图或展开图的实际反映，表达实际接线方式，制造厂员工按照安装接线图配好屏内的二次线和组装端子排，施工现场则把图样作为查对二次线的依据。

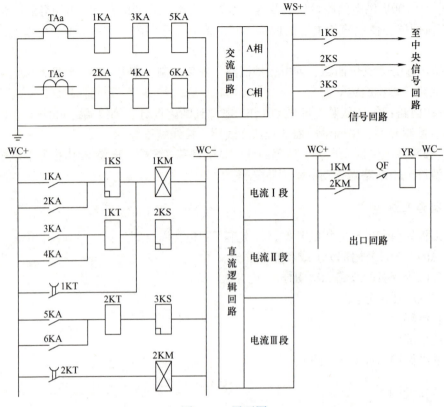

图 5-38　展开图

4. 二次安装图与二次施工图的区别

（1）二次安装图分为屏外（由设计提供）、屏内（由制造厂提供）。

（2）二次施工图是变电站施工的依据和设计原则，是将变电站二次回路连为一体的工程安装图；二次安装图是涉及保护屏、端子箱、机构箱、蓄电池等安装，需要与制造厂家的图样进行比较的现场实际图样。二次施工图必须与二次安装图接线、原理、施工方法一致。

（3）展开图是把每个设备的线圈和触头按交流电流回路、交流电压回路和直流回路分开来表示的，展开图按动作次序由左往右、由上到下排列，次序明显，阅读方便，为了不致混淆，对于同一个元件的线圈和触头采用相同文字标号。

（4）端子排图是反映屏内接线与屏外连接的图样。

（5）在变电站投产后，与现场符合的并经设计部门重新审定的图样叫二次竣工图，作为今后保护定检、技术改造、查阅及参考的依据。

5. 二次回路图编号

（1）二次回路图标号的基本方法

由三位或三位以下数字组成，需要标明相别或特征时，可在数字前或后增注文字符号。等电位标注，即在电气回路中，连接于同一点上的所有导线，标注同一回路标号。电气设备的触头、线圈、电阻、电容等元件间隔的线段，均为不同的线段，一般给予不同的标号。

项目 5　开关柜检修 / 知识点 2　开关柜二次回路

（2）标号细则

控制和保护回路用 001～099 及 1～599，励磁回路用 601～699，信号回路用 701～999，电流回路用 A、B、C（400～599），电压回路用 A、B、C、N（600～799）。

（3）直流回路的标号细则

1）对于不同用途的直流回路，使用不同的数字范围，如控制和保护回路用 001～099 及 1～599，励磁回路用 601～699。

2）控制和保护回路使用的数字标号，按熔断器所属的回路进行分组，每一百个数分为一组，如 101～199、201～299、301～399，依此类推，其中每段先按正极性回路（编为奇数）由小到大，再按负极性回路（编为偶数）由大到小，如 100、101、103、133…142、140 等。

3）信号回路的数字标号，按事故、位置、预告、指挥信号进行分组，按数字大小进行排列。

4）开关设备、控制回路的数字标号组，应按开关设备的数字序号进行选取。例如有 3 个控制开关 1KK、2KK、3KK，则 1KK 对应的控制回路数字标号选 101～199，2KK 对应的选 201～299，3KK 对应的选 301～399。

5）正极回路的线段按奇数标号，负极回路的线段按偶数标号；每当经过回路的主要压降元（部）件（如线圈、绕组、电阻等）后，即改变其极性，其奇偶随之改变。对不能标明极性或其极性在工作中改变的线段，可任选奇数或偶数。

6）对于某些特定的主要回路，通常给予专用的标号组。例如：正电源为 101、201，负电源为 102、202；合闸回路中的绿灯回路为 105、205、305、405；跳闸回路中的红灯回路编号为 35、135、235 等。

（4）交流回路的标号细则

1）交流回路按相别顺序标号，除用三位数字编号外，还可加以文字标号以示区别。例如 A411、B411、C411，见表 5-2。

表 5-2　交流回路标号

类别	A 相	B 相	C 相	中性线	开口三角形联结的 TV 回路中任一相
文字标号	A	B	C	N	X
脚注标号	a	b	c	n	x

2）不同用途的交流回路使用不同的数字组，见表 5-3。

表 5-3　不同用途的交流回路数字组标号

回路类别	保护、控制、信号回路	电流回路	电压回路
标号范围	1～399	400～599	600～799

3）电流回路的数字标号一般以十位数字为一组。如 A401～A409，B401～B409，C401～C409…A591～A599，B591～B599。若不够亦可以 20 位数为一组，供一套电流互感器之用。几组相互并联的电流互感器的并联回路，应先取数字组中最小的一组数字标

号。不同相的电流互感器并联时，并联回路应选任何一相电流互感器的数字组进行标号。

4）电压回路的数字标号应以十位数字为一组。如 A601～A609，B601～B609，C601～C609，A791～A799，等等，以供一个单独互感器回路标号之用。

5）电流互感器和电压互感器的回路，均须在分配给它们的数字标号范围内，自互感器引出端开始，按顺序编号，例如"1TA"的回路标号用 411～419、"2TV"的回路标号用 621～629 等。

6）某些特定的交流回路（如母线电流差动保护公共回路、绝缘监察电压表的公共回路等）给予专用的标号组。

三、识图方法

（1）先一次，后二次。先清楚一次设备控制、保护对象，才能读懂二次回路功能、作用。

（2）先交流，后直流。先看懂交流回路，根据交流回路推断直流回路逻辑。

（3）先电源，后接线。交流回路要从电源入手，先找出电源来自哪组电流互感器或电压互感器、起何作用，再进一步弄清与直流回路关系。

（4）先线圈，后触头。先分析清楚线圈的动作条件，再找出线圈相应触头，直至查清回路的逻辑关系。

（5）先上后下，先左后右。端子排图要配合展开图分析，按图样上下、左右关系明确回路的连接关系。

四、二次回路故障及查找

1. 故障分类

（1）电源故障：如电源极性错误、电源断相、失电等。

（2）电路故障：如回路短路、断线、接地等。

（3）设备和元件故障：如机械故障、设备老化失灵等。

2. 故障分析方法

（1）观察和查找故障现象：检查异常现象，如报警、灯光指示异常、操作过程不能正常完成或部分功能丧失、误动、异常气味（烧损）等。

（2）故障原因分析：

1）分析装置所处状态。

2）根据电气接线分析。

3）单元分析，缩小查找范围。

4）根据回路功能分析故障范围。

（3）设备和元件故障：如机械故障、设备老化失灵等。

3. 故障查找方法

（1）电压法：以直流回路为例，万用表选择直流 250V 档，红表笔接"+"，黑表笔接

"-",移动其中一个表笔,可以测得相应各点电压,根据电压分布分析故障位置。

(2)电位法:万用表一表笔接地,另一表笔移动,可以测定不同点电位,根据电位分析故障点位置。

(3)电阻法:用万用表电阻档测量各点间电阻,分析故障位置。电阻法必须在电路电源断开时进行。

4. 常见二次回路故障查找

(1)控制回路故障

1)特点:断路器就地与远方都不能进行操作,常见原因为控制回路断线、辅助触头不能转换、分合闸回路故障或电动机电源故障等。

2)排查方法:检查是否能进行就地分合闸,确认断路器控制方式正确;测量控制回路电源电压,确认控制电源正常;短接闭锁回路进行分合操作,确认非闭锁回路故障;检查分合闸线圈是否烧损;用表计测量检查端子松脱、断线故障。

(2)测量回路故障

1)特点:电压回路短路造成二次断线,测量、计量、保护无电压;电流回路开路产生高电压,威胁人身及设备安全,导致二次断线,测量、计量、保护无电流。

2)排查方法:需停电或做好安全措施后,用仪表测量回路通断。

(3)遥信回路故障

1)特点:断路器、隔离开关等辅助触头转换不到位,行程开关位置偏移,二次接线及端子松动、错位,接线端子损坏等。

2)排查方法:通断测量、电位测量,也可通过触头短接、二分回路快速缩短故障范围进行查找。

任务4 开关柜处缺

学习目标

（1）能安全、规范完成开关柜缺陷排查、处理工作。
（2）能应用二次回路知识，排查开关柜二次回路各类型故障。

课时计划

12课时。

情境引入

二次回路故障常会破坏或影响电力生产的正常运行，使用户供电受影响，严重时导致设备损坏、电力系统瓦解的大事故。若某10kV线路二次回路接线有错误，则当线路带的负荷较大或发生穿越性相间短路时，就会发生拒跳闸；若线路保护接线有错误，一旦系统发生故障，则可能会使断路器发生误跳闸；若测量回路有问题，则将影响计量，少收或多收用户的电费，同时也难以判定电能质量是否合格。二次回路虽非主体，但它在保证电力生产的安全等方面有着极其重要的作用。因此，当开关柜二次回路出现故障时，应及时排查、处理。

一、二次回路处缺安全事项

（1）与带电的一次及二次设备保持足够的安全距离。
（2）必要时作业人员穿绝缘靴，戴绝缘手套。
（3）防止处理过程中造成电压互感器短路，电流互感器开路。
（4）不能造成一次或二次设备接地、短路。
（5）防止误动其他回路，造成故障范围扩大。
（6）需列工作票或持标准作业卡开展处缺工作。
（7）使用仪表、工具要防止造成其他回路短路、接地。
（8）处缺回路中有电感、电容等储能元件（如变压器、互感器）时，要防止二次向一次反充电。

开关柜检修

二、断路器控制回路故障

控制电源开关（见图5-39a）烧损、端子脱落。

远方/就地、就地分/合闸把手（见图5-39b）内部弹簧、弹片位移松动，造成把手切换/动作卡涩。

分合闸继电器（见图5-39c）内部受潮、节点粘连、线圈不通/电阻过大、卡死，使其失去功能。

分合闸按钮（见图5-39d）接线松动脱落、复位弹簧老化变形，导致开关无法就地操作。

防跳继电器（见图5-39e）故障断路，造成开关拒动、防跳逻辑失灵。

项目5 开关柜检修／任务4 开关柜处缺

　　a)　　　　　　　　　　　　b)　　　　　　　　　　　　c)

　　　　d)　　　　　　　　　　　　　　　e)

图 5-39　断路器控制回路故障

三、储能回路故障

时间继电器（见图 5-40a）整定值不正确，导致储能时间异常；内部故障、受潮，可能导致误发超时信号并闭锁储能回路。

储能继电器（见图 5-40b）内部故障、接线松动，导致断路器无法正常建压。

弹簧／液压储能微动开关（见图 5-40c）老化、受潮锈蚀、接线脱落松动，造成断路器无法正常建压。

101

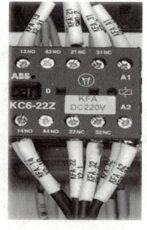

图 5-40 储能回路故障

四、二次回路开入故障

弹簧/液压储能微动开关（见图 5-41a）老化、受潮锈蚀、接线脱落松动，造成断路器无法正常建压。

接线端子（见图 5-41b）虚接、短路。

接线端子松动、脱落，二次电缆（见图 5-41c）断线。

图 5-41 二次回路开入故障

c)

图 5-41 二次回路开入故障（续）

五、机械故障

分合闸线圈（见图 5-42a）老化、质量不良，造成二次回路断线；线圈电阻过大，造成铁心动作力过小，铁心与分合闸挚子角度不匹配，造成开关拒动。

电机（见图 5-42b）故障。

a)

b)

图 5-42 机械故障

项目 6

开关柜试验

知识点　试验要求、方法

学习目标

（1）能表述试验分类、试验流程及安全注意事项。
（2）能填写电气试验工作票。

课时计划

4 课时。

一、试验管理

1. 试验分类

试验工作分为带电检测和停电试验两类。
（1）带电检测指设备在运行状态下，采用检测仪器对其状态量进行的现场检测。
（2）停电试验指需要设备退出运行才能进行的试验。

2. 试验周期、项目及标准

（1）正常情况下，各单位应依据检测基准周期、项目和标准开展带电检测和停电试验。如高压开关柜检测试验周期、项目和标准见表 6-1。

（2）停电试验周期可依据设备状态、地域环境、电网结构等特点，在基准周期的基础上酌情延长或缩短，调整后的试验周期一般不小于 1 年，也不大于基准周期的 2 倍。

（3）有下列情形之一的设备，需提前或尽快安排停电试验：
1）巡检中发现有异常，此异常可能是重大质量隐患所致。
2）带电检测显示设备状态不良。
3）以往的例行试验有朝着注意值或警示值方向发展的明显趋势。
4）存在重大家族缺陷。
5）经受了较为严重不良的工况，不进行试验无法确定其是否对设备状态有实质性损害。
6）判定设备继续运行有风险，情况严重时，应尽快退出运行，进行试验。

项目 6 开关柜试验 / 知识点 试验要求、方法

表 6-1 高压开关柜检测试验周期、项目和标准

序号	项目	分类	周期	标准	说明
1	红外热像	检测	1）新设备投运后1周内 2）必要时	红外热像图显示应无异常温升、温差和/或相对温差（对大电流柜酌情考虑）	1）检测开关柜及进、出线电气连接处 2）同等运行条件下相同开关柜比较 3）测量负荷3h内的变化情况，以便分析参考 4）检测和分析方法参考 DL/T 664—2016
2	暂态地电压检测	检测	1）1年 2）新安装及检修重新投运 3）必要时	无异常放电	—
3	辅助回路和控制回路绝缘电阻	试验	1）4年 2）必要时	≥2MΩ	使用 1000V 兆欧表
4	电压抽取（带电显示）装置检查	试验	1）4年 2）必要时	符合行业标准 DL/T538—2006《高压带电显示装置》	—
5	交流耐压试验	试验	1）4年 2）必要时	试验电压值按 DL/T 593—2016 规定	1）合闸时，试验电压施加于各相对地及相间。分闸时，施加于各相断口 2）相间、相对地及断口的试验电压值相同
6	主回路绝缘电阻	试验	1）4年 2）必要时	应符合制造厂规定	交流耐压试验前、后分别进行
7	五防性能检查	试验	1）4年 2）必要时	应符合制造厂规定	"五防"指：①防止误分、误合断路器；②防止带负荷拉、合隔离开关；③防止带电（挂）合接地（线）开关；④防止带接地（线）开关合断路器；⑤防止误入带电间隔
8	断路器特性及其他要求	试验	1）4年 2）必要时	根据断路器型式，应符合相关规定	1）操动机构分、合闸电磁铁或合闸接触器端子上的最低动作电压应为操作电压额定值的 30%~65% 2）在使用电磁机构时，合闸电磁铁线圈通流时的端电压为操作电压额定值的80%（关合峰值电流等于或大于 50kA 时为85%）时应可靠动作
9	辅助回路和控制回路交流耐压试验	试验	必要时	试验电压 2kV	采用 2500kV 兆欧表测量
10	超声波局部放电检测	检测	1）1年 2）新安装及A、B类检修重新投运 3）必要时	无异常放电	1）根据显示的分贝值进行分析或根据仪器生产厂建议值及实际测试经验进行判断 2）若检测到异常信号可利用特高频检测法、频谱仪和高速示波器等仪器和手段进行综合判断

二、试验流程

1. 试验准备

（1）人员准备，明确责任和分工

1）工作负责人、监护人应是具有相关工作经验，熟悉设备情况和安规，经本单位生产领导书面批准的人员。工作负责人还应熟悉工作班组成员的工作能力。

2）工作组成员应熟悉工作内容、工作流程，掌握安全措施，明确工作中的危险点，并履行确认手续；严格遵守安全规章制度、技术规程，对自己在工作中的行为负责，监督本部分的执行和现场安全措施的实施；能正确使用安全工器具和劳动防护用品。

（2）工器具及物质准备

试验前，工作负责人应确认检测工器具是否完好、齐备，是否在校验有效期内。

（3）作业卡准备

1）试验前两个工作日，工作负责人完成标准作业卡的编制。

2）班组长或班组技术员负责审核工作。

（4）工作票准备

1）试验前，班组工作负责人完成工作票的填写，并由工作票签发人完成签发。

2）试验前，班组应将第一种工作票送达工作许可人。第二种工作票可在进行工作的当天预先交给工作许可人。

2. 试验实施

（1）开工前，工作负责人应做好技术交底和安全措施交底。

（2）开工后，工作负责人组织实施，做好现场安全、技术和结果控制。

（3）班组成员严格按照仪器设备操作规范、标准作业卡进行现场试验，试验现场应无杂物，使用的工器具、材料应摆放整齐有序；及时排除试验方法、试验仪器以及环境干扰问题。

（4）及时、准确记录保存试验数据、检测图谱。

3. 试验验收

（1）试验工作执行班组自验收和运维人员验收。

（2）验收内容包括检测项目无遗漏、数据记录无误、场地清理干净、被测设备外观整洁、零部件标识齐全且恢复到工作许可前的电气接线状态。

（3）试验班组现场工作结束并完成自验收后，向当值运行人员汇报工作完结及试验情况。

（4）现场验收完成后，试验班组及时完成试验工作记录的填写。

4. 试验记录和报告

应按单台（组）设备出具试验报告，报告包括试验项目、试验日期、试验对象、试验结论等内容。

三、试验原理方法

1. 绝缘电阻试验

（1）特点：

1）绝缘电阻试验是简单、方便而又最常用的试验方法，用兆欧表（摇表）测量。

2）根据试品在 1min 时测得的绝缘电阻大小，可以检测出绝缘是否有贯通的集中性缺陷、整体受潮或贯通性受潮。

3）只有当绝缘缺陷贯通于两极之间时，测量其绝缘电阻时才会有明显的变化，即灵敏地检出缺陷；若缺陷只有局部缺陷，而两极间仍保持有部分良好绝缘时，绝缘电阻降低很少，甚至不发生变化，因此不能检出局部缺陷。

4）施加的电压较低时，不能检出局部缺陷。兆欧表的电压等级有：100V、500V、1000V、2500V、5000V、10000V。

（2）原理：绝缘电阻试验通过绝缘电阻来表示与时间无关的传导电流，当介质受潮、脏污或开裂以后，介质内的离子增加，因而传导电流剧增，绝缘电阻就小，所以根据绝缘电阻的大小，可以初步了解绝缘情况。

在绝缘试验中，可测得绝缘电阻值，还可求得绝缘电阻与加压时间的关系，表示这一关系的曲线称为吸收曲线。吸收曲线也可以反映绝缘材料绝缘变化情况。

（3）影响绝缘电阻的因素：

1）温度的影响。电气设备绝缘电阻是随温度变化而变化的，其变化的程度随绝缘的种类而异，富于吸湿性的材料，受温度影响最大。一般情况下，绝缘电阻随温度升高而减小。由于温度对绝缘电阻值有很大影响，而每次测量又不能在完全相同的温度下进行，规程规定 20℃为标准试验温度，应尽可能在 20℃以下进行绝缘电阻测试，以减少换算误差。

2）湿度的影响。随着环境的变化，电气设备的绝缘吸湿程度也在变化，绝缘电阻随湿度增大而降低，当空气相对湿度增大时，特别是极性纤维所构成的绝缘材料，由于毛细管的作用，将吸收较多的水分，使电导率增加，降低了绝缘电阻的数值，对表面泄漏电流的影响更大。

3）表面脏污和受潮的影响。被试物表面脏污或受潮，会使其表面电阻率大大降低，绝缘电阻显著下降。

4）被试品残余电荷的影响。对有残余电荷的试验设备进行试验时，试验结果会出现较大的偏差。当剩余电荷的极性与兆欧表的极性相同时，测量结果虚假增大；当剩余电荷的极性与兆欧表的极性相反时，测量结果虚假减小，因此试验前需要对被试品进行充分放电。

5）兆欧表容量的影响。兆欧表容量越大越好，选用最大输出电流 >1mA。

2. 导电回路电阻试验

（1）特点：断路器在运行时进行分、合闸会出现拉弧和其他机械振动现象，这种现象会使开关动、静触头接触不良，引起触头发热，如果严重将会引起开关的绝缘破坏而发生故障，因此要对其接触情况进行测试。

（2）原理：常用的平衡电桥有单臂电桥和双臂电桥两种。

1)单臂电桥常用于测量 1Ω 以上的电阻。
2)双臂电桥能消除引线和接触电阻带来的测量误差,适宜测量准确度要求高的小电阻。

3. 断路器机械特性试验

特性试验包括如下项目的测量:

1)分、合闸时间。
2)断路器分、合闸同期性。
3)合分时间。
4)弹跳次数(适用于真空断路器)。
5)弹跳时间(适用于真空断路器)。
6)分、合闸速度。
7)储能电流。
8)储能时间。
9)分、合闸动作电压。
10)电源电压低于额定值的 30% 时脱扣情况(应不脱扣)。
11)分、合闸行程 - 时间特性曲线。

开关柜试验

项目6 开关柜试验/任务1 开关柜直流电阻测量

任务1 开关柜直流电阻测量

学习目标

(1) 能编制（填写）开关柜直流电阻测量作业指导卡。
(2) 能安全、规范完成开关柜直流电阻测量工作。

课时计划

4课时。

情境引入

开关柜运行时间达到试验周期或开关柜小车断路器、分合闸线圈等在检修更换后，应测量其直流电阻，掌握设备状态，防止导电回路接触电阻过大，产生过热引起事故。

1. 工器具准备

工具箱（活扳手、套筒扳手、呆扳手）、万用表、直流电阻测试仪、回路电阻测试仪、图样、试验记录、标准作业卡、风险辨识卡、现勘单齐全，如图6-1所示。

图6-1 工器具准备

2. 工作票准备

办理工作票许可手续，召开班前会进行"三交""三查"，明确人员分工及工作流程。督促工作班成员遵守安规。

(1) 严格执行电网公司《电力安全工作规程（变电部分）》相关要求。
(2) 高压试验工作不得少于两人。试验负责人应由有经验的人员担任，开始试验前，试验负责人应向全体试验人员详细交代试验中的安全注意事项和邻近间隔的带电部位。
(3) 试验现场应装设遮栏或围栏，遮栏或围栏与试验设备高压部分应有足够的安全距离，向外悬挂"止步，高压危险！"的标示牌，并派人看守。
(4) 应确保操作人员及试验仪器与电力设备的高压部分保持足够的安全距离，且操作人员应使用绝缘垫。
(5) 试验装置的金属外壳应可靠接地，高压引线应尽量缩短，并采用专用的高压试验线，必要时用绝缘物支挂牢固。
(6) 试验前必须认真检查试验接线，电流线夹与设备的连接需牢固，防止试验过程中掉落；使用规范的短路线，表计、量程及仪表的开始状态和试验电流档位均应正确无误。
(7) 因试验需要断开设备接口时，拆前应做好标记，拆后应进行检查。
(8) 试验前，应通知有关人员离开被试设备，并取得试验负责人许可，方可加压；加压过程中应有人监护并呼唱。
(9) 变更接线或试验结束时，应首先断开试验电源，放电，并将升压设备的高压部分放电、短路接地。

（10）应有专人监护，监护人在试验期间应始终行使监护职责，不得擅离岗位或兼职其他工作。

（11）登高作业必须佩戴安全带，安全带的挂钩或绳子应挂在结实牢固的构件上，或专为挂安全带用的钢丝绳上，并应采用高挂低用的方式。

（12）使用梯子前检查梯子是否完好，是否在试验有效期内。必须有人扶梯，扶梯人注意力应集中，对登梯人工作应起到监护作用。

（13）试验中断、更改接线或结束后，必须切断电源，挂上接地线，防止感应电伤人、高压触电。

（14）试验现场出现明显异常情况时（如异音、电压波动、系统接地等），应立即中断加压，停止试验工作，查明异常原因。

（15）高压试验作业人员在全部加压过程中，应精力集中，随时警戒异常现象发生。

（16）未装接地线的大电容被试设备，应先行放电再做试验。

（17）试验结束时，试验人员应充分放电后对被试设备进行检查，拆除自装的接地短路线，恢复试验前的状态，消除直流电阻试验带来的剩磁影响，经试验负责人复查后，进行现场清理。

3. 现场检查

用绝缘隔离挡板将母线侧隔离开关与断路器隔离并设明显的警告标志，如图 6-2a 所示。

检查出线电缆侧接地线已可靠装设；检查控制电源、电动机电源确已断开，如图 6-2b 所示。

a)

b)

图 6-2 现场检查

4. 试验接线

（1）断路器回路电阻测量：进行主回路电阻测量，如图 6-3 所示，回路电阻应不大于 $50\mu\Omega$。

（2）分合闸线圈电阻测量：测量分、合闸线圈电阻值，如图 6-4 所示，符合技术要求且初始值差不超过 5%。

5. 试验步骤

（1）对被试品进行放电，正确记录绕组运行分接位置、设备温度及环境温度。

（2）完成被试品及试验设备接线，并确认接线正确，试验前拆除被试品接地线。

（3）按选定的接线方式进行直流电阻测量，记录试验数据。

（4）结束测试，断开试验电源，对被试品充分放电并短路接地，拆除试验接线。

项目 6　开关柜试验／任务 1　开关柜直流电阻测量

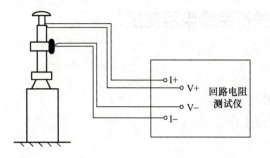 

图 6-3　回路电阻测量

图 6-4　线圈电阻测量

（5）结果判断：利用被测品历史测试数据，或者同型号、同批次的另一台设备的测试数据，来进行纵向或横向比较分析，在比较时应去除温度的影响，然后做出较为可靠的诊断结论。

6. 注意事项

影响直流电阻测量结果的因素主要有引线、温度、接触情况和稳定时间等。
（1）连接导线应有足够截面，且接触必须良好（用单臂电桥时应减去引线电阻）。
（2）双臂电桥使用标准电阻时，标准电阻与被测电阻间的连线应有足够的截面，其接入应不影响电桥的精度。
（3）为了与出厂及历次测量的数据比较，应将不同温度下测量的数值比较，将不同温度下测量的直流电阻换算到同一温度，以便比较。

任务2 开关柜绝缘电阻测量

学习目标

（1）能编制（填写）开关柜绝缘电阻测量作业指导卡。
（2）能安全、规范完成开关柜绝缘电阻测量工作。

课时计划

4课时。

情境引入

开关柜运行时间达到试验周期或开关柜小车断路器、互感器、避雷器等在检修更换后，应测量其绝缘电阻，掌握设备状态，防止绝缘缺陷引起事故。

1. 工器具准备

参见项目6任务1中工器具准备，增加绝缘电阻表1套。

2. 工作票准备

参见项目6任务1中工作票准备。

3. 现场检查

参见项目6任务1中现场检查。

4. 试验接线

测量时，绝缘电阻表的接线端子"L"接于被试设备的高压导体上，接地端子"E"接于被试设备的外壳或接地点上，屏蔽端子"G"接于设备的屏蔽环上，以消除表面泄漏电流的影响，如图6-5所示。被试品上的屏蔽环应按图6-5所示进行接线，接在接近加压的高压端而远离接地部分，减少屏蔽对地的表面泄漏，以免造成绝缘电阻表过负荷。屏蔽环可以用熔丝或软铜线紧绕几圈而成。

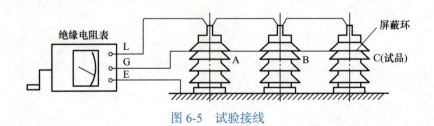

图6-5 试验接线

项目 6　开关柜试验／任务 2　开关柜绝缘电阻测量

5. 试验步骤

（1）将被试品断电，充分放电并有效接地。

（2）检查绝缘电阻表是否正常，并选择被试设备相应的测量电压档位。

（3）按不同的测试项目要求进行接线，注意由绝缘电阻表到被试品的连线应尽量短。

（4）经检查确认无误，绝缘电阻表到达额定输出电压后，待读数稳定或 60s 时，读取绝缘电阻值，并记录。若测量绝缘电阻阻值大于 10000MΩ，不需要测量吸收比和极化指数。

（5）需要测量吸收比和极化指数时，分别在 15s、60s、10min 读取绝缘电阻值 R_{15s}、R_{60s}、R_{10min}，并做好记录，计算公式如下：

$$吸收比 = R_{60s}/R_{15s}$$

$$极化指数 = R_{10min}/R_{60s}$$

（6）读取绝缘电阻值后，如使用仪表为手摇式兆欧表，应先断开接至被试品高压端的连接线，然后将绝缘电阻表停止运转；如使用仪表为全自动式兆欧表，应等待仪表自动完成所有工作流程后，断开接至被试品高压端的连接线，然后将绝缘电阻表停止工作。

（7）测量结束时，被试品还应对地进行充分放电，对电容量较大的被试品，应先经过电阻放电再直接放电，其放电时间应不少于 5min。

6. 注意事项

（1）当第一次试验后需要进行第二次复测时，必须充分放电，对大容量的设备，至少放电 5min 以上，以保证测量数据准确，减少残余电荷的影响。

（2）当有较大感应电压时，必须采取措施防止感应电压损坏仪表和危及人身安全。

（3）如测得的绝缘电阻值过低，应进行分解测量，找出绝缘最低的部分。

（4）吸收比读数时，应避免记录时间带来的误差。

（5）绝缘电阻表的 L 和 E 端子不能对调，与被试品间的连线不能铰接或拖地。

（6）测量时应使用高压屏蔽线。测试线不要与地线缠绕，尽量悬空。

7. 试验数据分析和处理

参见表 6-2 所列试验标准。

表 6-2　试验标准

设备	项目	标准
真空断路器	绝缘电阻测量	整体绝缘电阻不低于 3000MΩ
高压开关柜	主回路绝缘电阻	应符合制造厂规定
	辅助回路和控制回路绝缘电阻	不低于 2MΩ
电流互感器	绕组及末屏的绝缘电阻	1）一次绕组： 35kV 及以上：>3000MΩ 或与上次测量值相比无显著变化 2）末屏对地（电容型）：>1000MΩ（注意值）
电磁式电压互感器	绕组绝缘电阻	1）一次绕组：绝缘电阻初值差不超过 -50% 二次绕组：≥10MΩ（注意值） 2）同等或相近测量条件下，绝缘电阻应无显著降低（注意值）

8. 判断分析

（1）绝缘电阻的数值：所测得的绝缘电阻的数值不应小于一般允许值，若低于一般允许值，应进一步分析，查明原因。对电容量较大的高压电气设备的绝缘状况，主要以吸收比和极化指数的大小作为判断的依据。如果吸收比和极化指数有明显下降，说明其绝缘受潮或油质严重劣化。

（2）试验数值的相互比较：在设备未明确规定最低值的情况下，将结果与有关数据比较，包括同一设备的各相数据、同类设备间的数据、出厂试验数据、耐压前后数据、与历次同温度下的数据比较等，结合其他试验综合判断。

（3）应排除湿度、温度和脏污的影响：由于温度、湿度、脏污等条件对绝缘电阻的影响很明显，所以对试验结果进行分析时，应排除这些因素的影响，特别应考虑温度的影响。温度应换算到同一温度值后比较。

项目6 开关柜试验/任务3 断路器机械特性试验

任务3 断路器机械特性试验

学习目标

（1）能编制（填写）断路器机械特性试验作业指导卡。
（2）能安全、规范完成开关柜断路器机械特性试验工作。

课时计划

4课时。

情境引入

开关柜运行时间达到试验周期或开关柜小车断路器、分合闸线圈、机构等在检修更换后，应测量断路器机械特性，防止断路器缺陷引起事故。

1. 工器具准备

参见项目6任务1中工器具准备，增加断路器特性测试仪1套。

2. 工作票准备

参见项目6任务1中工作票准备。增加如下安全注意事项：
（1）试验前必须认真检查测试接线，尤其是接入断路器的分、合闸控制电源，应正确无误。
（2）安装、拆除传感器前应确认断路器分、合闸能量完全释放，控制电源及电动机电源完全断开。
（3）传感器安装时应选择合适的位置，防止由于传感器安装不当，造成断路器动作时损坏仪器及断路器。
（4）当使用仪器内触发储能方式时，应检查断路器储能电源已可靠断开。

3. 现场检查

参见项目6任务1中现场检查。

4. 试验接线

如图6-6所示，合闸控制线接航空接头4、14插针；分闸控制线接航空接头30、31插针。

5. 测试步骤

（1）断开断路器控制及储能电源，将断路器操动机构能量完全释放。
（2）确定断路器的"远方/就地"转换开关处于"就地"位置。
（3）先将仪器可靠接地，然后按照接线图要求做好测试接线，并检查确认接线正确。
（4）拆除断路器两侧引线，确保断路器两侧无直接接地点。
（5）接通电源，根据被试断路器型号进行相应参数设置，尤其注意根据各厂家参数设置开距及行程，仪器输出控制电压应为额定电压。

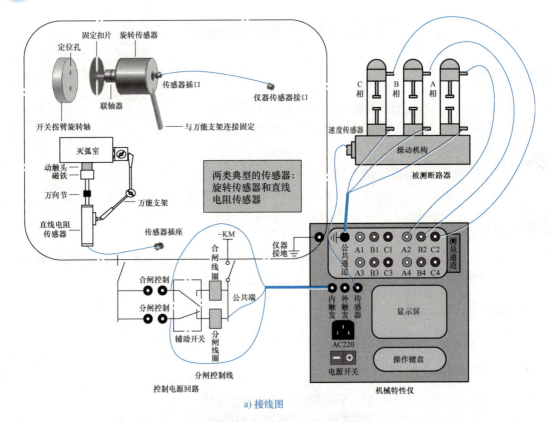

a) 接线图

b) 实物

图 6-6 试验接线

(6) 将仪器相应极性输出端子接到断路器操作回路中,测量分、合闸电磁铁动作电压。
(7) 对断路器进行测试,并对照出厂数据及历史数据进行分析。
(8) 试验数据不符合厂家标准的,应按照要求及检修工艺进行调整,重新进行测试。
(9) 试验完毕,记录并打印测试数据。
(10) 关闭仪器电源,恢复断路器两侧引线,最后拆除测试接线。

项目6 开关柜试验 / 任务3 断路器机械特性试验

6. 注意事项

（1）使用旋转传感器进行行程测试时，应注意避开旋转光栅的盲区。

（2）使用直线传感器进行行程测试时，应注意传感器可测试的行程上限，以免损坏传感器。

（3）应保证测试回路导通良好。

7. 试验数据分析和处理

（1）试验结果应与断路器说明书给定值进行比较，满足厂家规定要求。

（2）若上述测试存在不符合厂家要求的试验数据，应首先检查接线情况、参数设置、仪器状况等是否符合测试要求。

（3）当合闸时间、合闸速度不满足规范要求时，可能的原因有：

1）合闸电磁铁顶杆与合闸掣子位置不合适。

2）合闸弹簧疲劳。

3）分闸弹簧拉紧力过大。

4）开距或超程不满足要求。

应综合分析上述原因，对合闸电磁铁、分合闸弹簧、机构连杆进行调整。

（4）当分闸时间、分闸速度不满足规范要求时，可能的原因有：

1）分闸电磁铁顶杆与分闸掣子位置不合适。

2）分闸弹簧疲劳。

3）开距或超程不满足要求。

应综合分析上述原因，对分闸电磁铁、分合闸弹簧、机构连杆进行调整。

（5）当合分时间不满足规范要求时，可能的原因有：

1）单分、单合时间不满足规范要求。

2）断路器操动机构的脱扣器性能存在问题。

应综合分析上述原因，对单分、单合时间进行调整或者对脱扣器进行调节。

（6）当行程特性曲线不满足规范要求时，可能的原因有：

1）断路器对中调整不好。

2）断路器触头存在卡涩。

应综合分析上述原因，对断路器分合闸弹簧、拐臂、连杆、缓冲器进行调整。

（7）分合闸电磁铁动作电压不满足规范要求，宜检查动静铁心之间的距离，检查电磁铁心是否灵活、有无卡涩情况，或者通过调整分合闸电磁铁与动铁心间隙的大小来调整动作电压，缩短间隙，动作电压升高，反之降低；当调整了间隙后，应进行断路器分合闸时间测试，防止间隙调整影响机械特性。

项目 7

保护校验

》任务1　开关柜交直流回路检验

▶ **学习目标**

（1）能编制（填写）开关柜交直流回路检验作业指导卡。
（2）能安全、规范完成开关柜保护装置的交直流回路检验工作。

▶ **课时计划**

6课时。

▶ **情境引入**

新安装或检修、排故的继电保护或自动装置，为检查回路正确性、保护动作的性能，需要进行回路检验和保护校验。交直流回路检验是基本的检验、校验工作。

1. 工器具准备

参见项目6任务1中工器具准备，增加继电保护测试仪1套。

2. 工作票准备

办理工作票许可手续，召开班前会进行"三交""三查"，明确人员分工及工作流程。督促工作班成员遵守安规。

将运行设备与检修设备隔离，做好安全措施。

（1）电压回路安全措施及注意事项：

1）断开TV一次侧隔离开关并加挂接地线，断开二次熔断器（开关），拆开TV二次接线，以防止TV反充电，造成人员伤亡。

2）不能将TV二次回路短路、接地或断线，必要时提前申请停用有关保护和自动装置。

3）接临时负载，应装设专用隔离开关（刀开关）、熔断器。

4）不应将回路的永久接地点断开。

（2）电流回路安全措施及注意事项：

1）一次设备运行、二次设备检修时，要做好防止TA开路的安全措施。必要时申请停用相关保护和自动装置。

2）短接TA二次绕组，应使用短路片或导线压接短路。

3）不应将回路的永久接地点断开。

项目 7　保护校验 / 任务 1　开关柜交直流回路检验

4）被检验的保护装置与其他保护装置共用 TA 绕组时，应做好防止其他保护误动的措施。

（3）直流分合闸回路安全措施及注意事项：

1）取下保护分合闸压板。

2）断开相应分合闸回路端子。

3）断开联跳回路（如备自投跳进线断路器回路、过负荷联切回路）。

（4）仪器仪表使用安全措施及注意事项：

1）继电保护校验仪使用前应保持仪器接地线完好。

2）继电保护校验仪加量停止后，方可插拔校验接线。

3）继电保护校验仪电压线与电流线不得插反。

4）万用表使用时档位不得选错。

5）电源盘必须装有剩余电流保护器。

6）使用螺钉旋具时，其金属外露部分不得过长，应包扎绝缘带，防止短路。

7）在带电的 TA 二次回路上工作，应铺设绝缘垫。

3. 现场检查

（1）检查工作地点一、二次设备运行状况及其相邻设备情况。

（2）图样资料齐全完整并与实际相符。

（3）特别注意与相邻运行设备的连接，并制订相应安全措施。

（4）检查交直流试验电源位置、容量。

（5）屏柜前后均有设备明显区分标志。

4. 检验项目

（1）电压互感器二次回路

1）检查 TV 二次绕组数量，核对二次绕组准确等级、容量，检查 TV 机型、电压比。

2）根据图样检查 TV 二次回路接线，检查二次绕组接地点位置。

3）检查 TV 二次接线端子完好。

4）根据图样检查 TV 二次回路熔断器（微型断路器）容量及选择性配合是否正确。

5）检查 TV 二次回路导线，电缆屏蔽层两端是否可靠接地。

6）断开 TV 二次绕组连线，TV 二次回路整体通电检验，通入不同电压值，量取设备端子电压值，量取各相相间、芯间应无短路或接地现象。

（2）电流互感器二次回路

1）检查互感器安装方向，一次极性。

2）检查互感器一、二次是否有抽头，抽头连接方式。

3）检验互感器电流比、伏安特性、极性，每个二次绕组的准确等级、直流电阻、对地绝缘及绕组间绝缘。

4）根据定值单检查各 TA 绕组二次侧电流比是否正确（通流检测）。

5）检查 TA 二次接线盒内所有端子及其接线，不应有相碰现象。

6）校对 TA 二次电流回路导线，电缆屏蔽层两端应可靠接地。

7)测量二次绕组各回路直流电阻,计算二次负载是否满足 10% 误差曲线要求。

8)检查 TA 二次回路接地点状况,保证只有一个接地点。

(3)直流回路

1)了解确认断路器最低分合闸电压不低于 $30\%U_e$,不高于 $65\%U_e$。

2)测量断路器分合闸线圈电阻,计算分合闸电流,整定防跳继电器分合闸电流。

3)了解断路器分合闸时间及三相不同期时间。

4)电缆屏蔽层两端应可靠接地。

5)远方及就地位置分别检验断路器三相分合闸正确性。

6)检验闭锁重合闸回路正确性。

7)检验隔离开关辅助触头正确性。

8)检验保护屏开入、开出,联跳回路、信号回路正确性。

9)检查直流电源二次回路正确性。

5. 注意事项

(1)在全部停电或部分带电的盘上工作时,应将检修设备与运行设备用明显标志隔开,防止错拆、错装;应悬挂"在此工作"标识牌。

(2)通电时应通知值班员和有关人员,加强监视。

(3)工作中遇到异常情况,应立即停止工作,保持现状,待查明原因后方可继续工作。

(4)工作中不可对运行中的设备、信号、保护压板进行操作。

保护校验

项目 7　保护校验 / 任务 2　开关柜电流保护装置校验

任务 2　开关柜电流保护装置校验

学习目标

（1）能编制（填写）保护装置校验作业指导卡。
（2）能安全、规范完成开关柜电流保护装置校验工作。

课时计划

4 课时。

情境引入

新安装或检修、排故的继电保护或自动装置，为检查回路正确性、保护动作的性能，需要进行回路检验和保护校验。电流保护检验是基本的保护检验工作。

1. 工器具准备

参见项目 7 任务 1 中工器具准备。

2. 工作票准备

办理工作票许可手续，召开班前会进行"三交""三查"，明确人员分工及工作流程。督促工作班成员遵守安规。
将运行设备与检修设备隔离，做好安全措施。
（1）记录压板、断路器、切换开关原始状态，检验完成后恢复。
（2）记录保护定值区状态，检验完成后恢复。
（3）拆开信号回路公共头，防止检验过程中故障录波器、监控信号频繁动作。
（4）对重要或复杂保护装置，需进行二次回路拆线、接线的，应编制继电保护安全措施票。
（5）开工前工作负责人应组织工作班人员核对安全措施票内容和现场接线，确保图样与实物相符。

3. 现场检查

（1）检查工作地点一、二次设备运行状况及其相邻设备情况。
（2）图样资料齐全完整并与实际相符。
（3）设备核对。
（4）绝缘检查，用 1000V 兆欧表检测二次回路绝缘。
（5）屏柜前后均有设备明显区分标志。

4. 检验项目

（1）检测保护屏体应与变电站地网经 $100mm^2$ 铜排可靠连接。
（2）屏体内无电压回路短路、电流回路开路现象。

（3）屏体设备标志齐全正确，与图样相符，把手、压板名称描述与功能相符。

（4）保护屏内各回路对地绝缘、各回路间绝缘符合要求，无接地、短路现象。

（5）检测保护屏交流回路直流电阻合格。

（6）拉合直流电源，保护装置无误动或误信号，定值不丢失改变。

（7）交流通道零漂符合装置要求；通入交流后检验电流/电压极性正确，精度符合要求。

（8）检验开关量输入（压板开关量、按钮、切换把手）输入正确。

（9）开出量输出回路检验正确。

（10）根据定值单检验保护各功能段动作值、动作时间及灵敏度符合设计要求。

（11）保护整组传动试验：通入故障模拟量，检验保护回路、整定值及保护动作正确。

（12）投入重合闸，模拟瞬时、永久性故障，检验保护动作、重合闸动作行为、信息正确。

5. 注意事项

（1）电流保护校验时加量满足：

1）电流1.05倍定值可靠动作。

2）电流0.95倍定值可靠不动作。

3）电流1.2倍定值保护动作时间满足要求。

（2）通电时应通知值班员和有关人员，加强监视。

（3）工作中遇到异常情况，应立即停止工作，保持现状，待查明原因后方可继续工作。

（4）工作中不准对运行中的设备、信号、保护压板进行操作。

（5）校验时避免内部元件损坏：

1）断开保护装置电源后方可插拔插件，且防止静电损坏插件。

2）检验过程中发现问题先查找原因后，方可继续校验。

3）测量电路参数时，仪器测量端子与电源侧绝缘良好，仪器外壳与保护装置在同一点接地。

任务3 电流保护及重合闸整定

学习目标

(1) 能根据负荷和网络参数对 10kV 三段式电流保护进行整定。
(2) 能对 10kV 线路重合闸装置进行整定。
(3) 能规范完成开关柜定值设定输入工作。

课时计划

6 课时。

情境引入

新安装的继电保护或自动装置,须通过短路计算,按照电网及设备对继电保护装置的要求,对保护装置的整定值进行配置。调度运行部门下发的保护定值通知单,应保存到保护装置的指定区域中,便于运行时按要求对保护装置进行设定。

一、配电线路电流保护整定

1. 整定方法和要求

(1) 整定方法
1) 根据保护装置构成原理和运行特点,确定整定条件及有关系数。
2) 按整定条件初选整定值,按电网可能出现的最小运行方式校验灵敏度。
(2) 阶段式保护整定要求
1) 时间配合:上一级保护的整定动作时间应比与之相配合的下一级保护的整定时间大一个时间极差(理论上一般为 0.5s)。
2) 保护范围配合:对同一故障,上一级保护的灵敏系数高于下一级保护灵敏系数。
3) 上下级保护配合按保护的正方向进行。
(3) 输配电线路保护典型配置
1) 10kV、35kV 单电源线路:配置阶段式电流保护(Ⅰ、Ⅱ段主保护,Ⅲ段后备保护)。
2) 单电源环网或多电源辐射网络:配置方向电流保护(Ⅰ、Ⅱ段主保护,Ⅲ段后备保护)。
3) 220kV、500kV 线路:配置全线速动保护(主保护)、距离保护及零序保护(后备保护)。

2. 最大运行方式和最小运行方式

(1) 在相同地点发生相同类型短路时,流过保护安装处的电流最大,此种运行方式称为最大运行方式,对应的系统等值阻抗最小。
(2) 在相同地点发生相同类型短路时,流过保护安装处的电流最小,此种运行方式称为最小运行方式,对应的系统等值阻抗最大。

最大运行方式下三相短路和最小运行方式下两相短路的短路电流如图 7-1 所示。

3. 电流速断保护整定

（1）瞬时动作的电流保护，即电流Ⅰ段。

整定原则：躲过本线路末端发生三相短路时，流过保护的最大短路电流。

（2）动作电流整定：见图7-2。

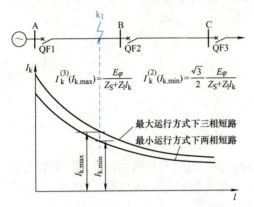

图7-1　最大运行方式下三相短路和最小运行方式下两相短路的短路电流

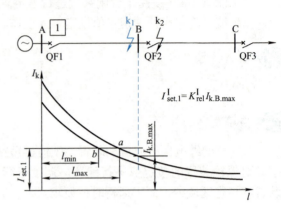

图7-2　电流Ⅰ段整定

I_k—短路电流　Z_S—系统阻抗

Z_l—线路单位阻抗，l_k—短路点至保护安装处距离

K_{rel}^{I}—Ⅰ段保护可靠系数，一般取 1.2 ~ 1.3

$I_{k.B.max}$—线路末端最大短路电流，$I_{set.1}^{I}$—Ⅰ段保护定值

（3）最小保护范围校验：最小运行方式下可靠系数 K_{rel}^{I} 对应的保护范围如图7-3所示。

（4）特点：动作速度快，但不能保护线路全长，保护范围受运行方式影响。

4. 限时电流速断保护

（1）用来切除本线路上速断保护范围以外的故障，作为速断保护的后备，即电流Ⅱ段。

整定原则：不超过下级线路电流速断保护范围。

（2）动作电流整定：见图7-4。

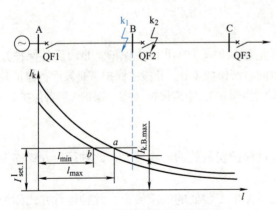

图7-3　最小保护范围校验

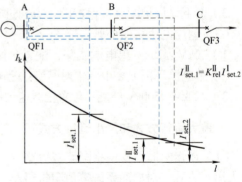

图7-4　电流Ⅱ段整定

l_{min}—最小运行方式下定值 $I_{set.1}^{I}$ 对应的保护范围（长度）

要求：l_{min}/l_{AB} 不低于 15% ~ 20%

$I_{set.1}^{II}$—Ⅱ段保护定值，K_{rel}^{II}—Ⅱ段保护可靠系数，一般取 1.1 ~ 1.2

$I_{set.2}^{I}$—下一段线路Ⅰ段保护定值

项目 7 保护校验 / 任务 3 电流保护及重合闸整定

（3）动作时限选择：应比下一段线路速断保护动作时间高出一个时间阶梯 Δt（通常取 0.5s）。

$$t_1^{\text{II}} = t_2^{\text{I}} + \Delta t$$

（4）灵敏度校验：按系统最小运行方式下，线路末端发生两相短路时的短路电流进行校验。

$$K_{\text{sen}} = I_{\text{k.B.min}} / I_{\text{set.1}}^{\text{II}}$$

式中，K_{sen} 为灵敏系数，要求不小于 1.3～1.5；$I_{\text{set.1}}^{\text{II}}$ 为 II 段保护定值；$I_{\text{k.B.min}}$ 为线路末端最小短路电流。

（5）特点：保护范围大于本线路全长，可作为 I 段的近后备保护，与 I 段共同构成被保护线路的主保护，但速动性较差。

5. 过电流保护

（1）过电流保护不仅能保护本线路全长，且能保护相邻线路全长，可作为本线路主保护的近后备保护以及相邻线路保护的远后备保护，即电流 III 段。

整定原则：躲过正常运行时线路的最大负荷电流。

（2）动作电流整定：见图 7-5。

1）大于流过该线路的最大负荷电流 $I_{\text{l.max}}$。

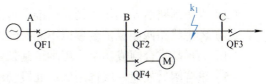

图 7-5 电流 III 段整定

2）外部故障切除后电动机自起动时，应可靠返回。

即

$$I_{\text{set.1}}^{\text{III}} = K_{\text{rel}}^{\text{III}} K_{\text{ss}} I_{\text{l.max}} / K_{\text{re}}$$

式中，$I_{\text{set.1}}^{\text{III}}$ 为 III 段保护定值；$K_{\text{rel}}^{\text{III}}$ 为 III 段保护可靠系数，一般取 1.1～1.2；K_{ss} 为电动机自起动系数；K_{re} 为返回系数，一般取 0.8～0.85。

（3）动作时限选择：按阶梯原则选择，如图 7-6 所示。

（4）灵敏度校验：

$$K_{\text{sen}} = I_{\text{k.B.min}} / I_{\text{set.1}}^{\text{III}}$$

式中，K_{sen} 为灵敏系数。

1）作为近后备时，采用最小运行方式下本线路末端两相短路时的电流来校验，要求 K_{sen} 不小于 1.3～1.5。

2）作为远后备时，采用最小运行方式下下一段线路末端两相短路时的电流来校验，要求 K_{sen} 不小于 1.2。

3）线路各段电流保护之间，要求灵敏系数互相配合：$K_{\text{sen.1}} > K_{\text{sen.2}} > K_{\text{sen.3}} > K_{\text{sen.4}}$。

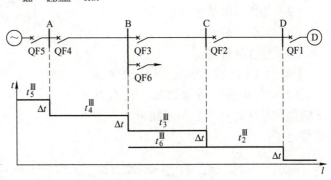

图 7-6 动作时限选择

t_2^{III}—保护 2 的 III 段动作时限　t_3^{III}—保护 3 的 III 段动作时限
t_4^{III}—保护 4 的 III 段动作时限　t_5^{III}—保护 5 的 III 段动作时限
t_6^{III}—保护 6 的 III 段动作时限

（5）特点：电流Ⅲ段保护动作电流比Ⅰ、Ⅱ段动作电流小得多，灵敏度比Ⅰ、Ⅱ段高。后备保护之间，必须实现灵敏系数和动作时限都相互配合，才能保证选择性。

二、重合闸装置整定

1. 重合闸方式

（1）架空线路中一般均设置重合闸。常用重合闸方式有：检无压、检同期、非同期（重合不检）。

（2）在无发电机组线路中，多采用非同期方式，重合闸一般采用一次重合闸方式。

（3）在纯电缆线路中，电缆故障多为永久性故障，一般要求退出重合闸。

（4）10~110kV 线路，一般采用三相一次重合闸。

2. 重合闸时间

（1）大于故障点断电去游离时间。

（2）大于断路器及操作机构复归准备再次动作时间。

（3）考虑线路两侧保护装置以不同时间切除故障的可能性。

（4）为提高重合闸成功率，可酌情延长重合闸时间。

（5）重合闸后加速一般选用保护Ⅱ段动作值作为整定值。

（6）检无压定值一般整定为 20%~50% 额定电压；同期角整定为 30°左右。

三、案例

如图 7-7 所示电网，对 A 变电站线路 1 电流保护进行三段式整定。K_{rel}^{I} 取 1.3，K_{rel}^{II} 取 1.1，K_{rel}^{III} 取 1.2，K_{ss} 取 2，K_{re} 取 0.85。$Z_1 = 0.4\Omega/\text{km}$，$K_{TA} = 600/5$，$Z_{s.max} = 6.7\Omega$，$Z_{s.min} = 5.5\Omega$。

要求：

（1）动作电流整定。

（2）动作时限整定。

（3）灵敏度校验。

（4）重合闸整定。

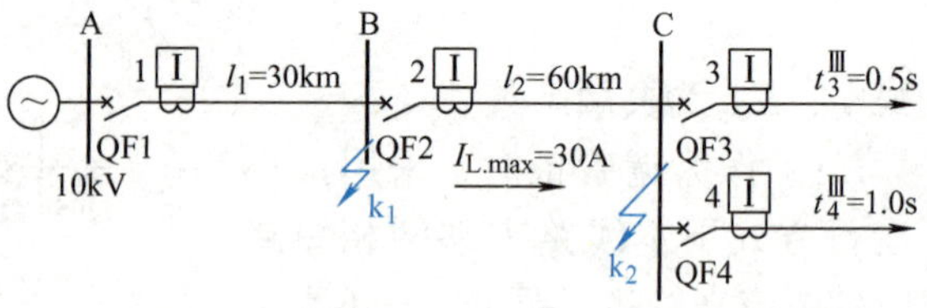

图 7-7 案例

【解】（1）线路 1 电流Ⅰ段保护整定

1）动作电流。按躲过最大运行方式下线路末端（k_1 点）三相短路最大短路电流整定：

$$I_{set.1}^{I} = K_{rel}^{I} I_{kl.max}^{(3)} = K_{rel}^{I} E_s / (Z_{s.min} + Z_1 l_1) = 1.3 \times \frac{10/\sqrt{3}}{5.5 + 0.4 \times 30} \text{kA} = 0.43 \text{kA}$$

采用两相不完全星形联结时，二次动作电流为

$$I_{op.1}^{I} = I_{set.1}^{I} / K_{TA} = \frac{0.43}{600/5} \text{kA} = 3.58 \text{A}$$

项目7 保护校验／任务3 电流保护及重合闸整定

2）动作时限。速断保护动作时限为0s。

3）灵敏度校验。在最大运行方式下发生三相短路时的保护范围为

$$l_{\max}=(E_s/I_{set.1}^{I}-Z_{s.min})/Z_1=\left(\frac{10/\sqrt{3}}{0.43}-5.5\right)/0.4\text{km}=19.82\text{km}$$

则 $l_{\max}\%=l_{\max}/l_1=66\%>50\%$,满足要求。

在最小运行方式下的保护范围为

$$l_{\min}=(0.866E_s/I_{set.1}^{I}-Z_{s.max})/Z_1=\left(0.866\times\frac{10/\sqrt{3}}{0.43}-6.7\right)/0.4\text{km}=12.32\text{km}$$

则 $l_{\min}\%=l_{\min}/l_1=41\%>15\%$,满足要求。

（2）线路1电流Ⅱ段保护整定

1）动作电流。按与相邻保护Ⅰ段动作电流配合原则整定：

$$I_{set.1}^{II}=K_{rel}^{II}I_{set.2}^{I}=K_{rel}^{II}K_{rel}^{I}\ E_s/[Z_{s.min}+Z_1(l_1+l_2)]=1.1\times1.3\times\frac{10/\sqrt{3}}{5.5+0.4\times(30+60)}\text{kA}=0.20\text{kA}$$

采用两相不完全星形联结时，二次动作电流为

$$I_{op.1}^{II}=I_{set.1}^{II}/K_{TA}=\frac{0.20}{600/5}\text{kA}=1.67\text{A}$$

2）动作时限：

$$t_1^{II}=t_2^{I}+\Delta t=(0+0.5)\text{s}=0.5\text{s}$$

3）灵敏度校验。在最小运行方式下本线路末端（k_1点）发生两相短路时的电流来校验灵敏系数：

$$K_{sen}^{II}=I_{k1.min}^{(2)}/I_{set.1}^{II}=[0.866E_s/(Z_{s.max}+Z_1l_1)]/I_{set.1}^{II}=\frac{0.866\times10/\sqrt{3}}{6.7+0.4\times30}/0.20=1.34>1.3$$

满足要求。

（3）线路1电流Ⅲ段保护整定

1）动作电流。按躲过本线路可能流过的最大负荷电流整定：

$$I_{set.1}^{III}=K_{rel}^{III}K_{ss}I_{L.max}/K_{re}=1.2\times2\times30/0.85\text{A}=84.71\text{A}$$

采用两相不完全星形联结时，二次动作电流为

$$I_{op.1}^{III}=I_{set.1}^{III}/K_{TA}=\frac{84.71}{600/5}\text{A}=0.71\text{A}$$

2）动作时限。应比相邻保护最大动作时限高一个时限级差，即

$$t_1^{III}=t_2^{III}+\Delta t=(1.0+0.5)\text{s}+0.5\text{s}=2.0\text{s}$$

3）灵敏度校验。近后备保护：利用最小运行方式下本线路末端（k_1点）发生两相金属性短路时流过的保护装置的电流来校验灵敏系数：

$$K_{sen}^{III}=I_{k1.min}^{(2)}/I_{set.1}^{III}=[0.866E_s/(Z_{s.max}+Z_1l_1)]/I_{set.1}^{III}=\frac{0.866\times10/\sqrt{3}}{6.7+0.4\times30}/0.08471=3.16>1.5$$

满足要求。

远后备保护：利用最小运行方式下相邻末端（k_2 点）发生两相短路时电流来校验灵敏系数：

$$K_{\text{sen}}^{\text{III}}=I_{\text{k2.min}}^{(2)}/I_{\text{set.1}}^{\text{III}}=\{0.866E_s/[Z_{s.\max}+Z_1(l_1+l_2)]\}/I_{\text{set.1}}^{\text{III}}=\frac{0.866\times10/\sqrt{3}}{6.7+0.4\times(30+60)}/0.08471=1.38>1.2$$

满足要求。

（4）重合闸整定：10kV 重合闸时间整定为 1.5～1.8s，后加速保护以 $I_{\text{set.1}}^{\text{II}}$ 的值为整定值。

四、保护定值的输入设定

1. 定值

（1）定值查看：进入"定值"菜单下的"定值显示"子菜单，选择定值区，按"+"键或"-"键，选择所需查看的定值区号，按"enter"键进入显示界面查看，如图 7-8 所示。

（2）定值修改：进入"定值"菜单下的"定值修改"子菜单，选择定值区。选择所需要修改的定值区后，按"enter"键进入修改界面，用"+"或"-"修改数值，如图 7-9 所示。

a) 定值区选择 b) 定值显示

图 7-8　定值查看　　　　　　　　　　图 7-9　定值修改

修改结束后，按确认键确认操作。

（3）定值切换：进入"定值"菜单下"定值切换"子菜单，选择定值切换区，用"+"或"-"键选择要切换的定值区，按确认键后，输入密码后确认，完成切换，如图 7-10 所示。

（4）定值打印：进入"定值"菜单下的"定值打印"子菜单，选择需打印的定值区号，按确认键执行打印操作，如图 7-11 所示。

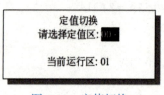

图 7-10　定值切换　　　　　　　　　　图 7-11　定值打印

2. 压板设置

进入"压板设置"子菜单后，单击进入压板设置窗口，输入密码正确后设置。

选择定值区，按"+"键或"-"键，选择投入、退出，按"enter"键进入确认，如图 7-12 所示。

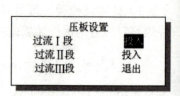

图 7-12　压板设置

高等职业教育"互联网+"新形态一体化教材

变配电运维与检修

（任务书）

主　编　廖自强　鲁爱斌

机械工业出版社

项目 1

设备巡视及缺陷定性

任务 1.1　一次设备全面巡视及缺陷定性

▶ 情境介绍 ◀

公司运维通用管理规定要求 35kV 变电站全面巡视每两月不少于 1 次。根据 35kV 仿真变电站巡视计划，现在要开展 35kV 仿真变电站全面巡视工作。作为运检班成员，请完成 35kV 仿真变电站一次设备全面巡视，检查监视一次设备运行状态，发现一次设备缺陷及隐患，并完成缺陷定性，向上级汇报巡视情况。

▶ 任务说明 ◀

（1）完成 35kV 仿真变电站一次设备全面巡视，记录一次设备缺陷。
（2）对巡视过程中发现的一次设备缺陷进行分析、定性。
（3）总计 12 课时，每个子任务 2 课时。

▶ 承担角色 ◀

巡视工作负责人□　　巡视工作成员□

▶ 任务完成路径 ◀

▶ 子任务 1.1.1　巡视准备

（1）学生学习设备巡视制度和管理要求，包括巡视目的和作用、基本要求、巡视周期、巡视流程、巡视方法、巡视工作要求，学生完成教师发布的设备巡视制度测验，教师结合测验情况总结讲解设备巡视制度和要求。
　　学习资源：① 实训指导活页教材。
　　　　　　　② PPT。
　　　　　　　③《35kV 变电站现场运行通用管理规定》。
（2）学生根据 35kV 配电变电站主接线运行方式，表述生产过程和一次设备结构、组成，确定并画出巡视路线。教师按照巡视要求对学生的巡视路线进行指导修正。
　　学习资源：① 实训指导活页教材。
　　　　　　　②《35kV 变电站现场运行通用管理规定》。
（3）结合设备巡视危险案例，教师引导学生分析一次设备巡视过程中可能存在的危险

变配电运维与检修(任务书)

点,并制订相关安全措施。

学习资源:①设备巡视危险案例。

②实训指导活页教材。

③《35kV变电站现场运行通用管理规定》。

(4)根据设备巡视要求和危险点,学生准备巡视所用的工器具。

学习资源:①实训指导活页教材。

②《35kV变电站现场运行通用管理规定》。

▶▲ 任务完成评价 ▲◀

(1)提交过程资料:提交《变电站设备巡视准备工作任务卡》。

(2)完成评价:

类型	级别	评语
自我评价	良好□ 一般□ 较差□	
组长评价	良好□ 一般□ 较差□	
教师评价	良好□ 一般□ 较差□	

(3)实习心得:

_____
_____
_____
_____
_____
_____
_____
_____

项目 1　设备巡视及缺陷定性／任务 1.1　一次设备全面巡视及缺陷定性

变电站设备巡视准备工作任务卡

巡视任务：	巡视人员：	巡视日期：

一、画出巡视路线图

二、写出危险点分析和预控措施

序号	危险点分析	预控措施

三、列出工器具清单

项目1 设备巡视及缺陷定性/任务1.1 一次设备全面巡视及缺陷定性

子任务1.1.2 变压器巡视

（1）学生回顾变压器基本结构和工作原理，结合仿真变电站巡视内容，根据变压器巡视的关键点，填写《35kV仿真变电站变压器全面巡视作业指导卡》。
　　学习资源：①实训指导活页教材。
　　　　　　　②《35kV变电站现场运行通用管理规定》。
　　　　　　　③《35kV仿真变电站变压器全面巡视作业指导卡》空白版。
（2）根据变压器的结构动画，教师重点讲解变压器巡视要点和内容，指导学生对编制的作业指导卡进行完善和修正。学生对修改后的作业指导卡进行小组互评和研讨，根据互评结果再次修改完善作业指导卡。
　　学习资源：①PPT。
　　　　　　　②实训指导活页教材。
　　　　　　　③《35kV变电站现场运行通用管理规定》。
（3）学生做好巡视人员和工具准备后，按照《35kV仿真变电站变压器全面巡视作业指导卡》巡视内容逐项开展变压器各部分内容巡视，记录变压器缺陷和异常情况。
　　学习资源：①实训指导活页教材。
　　　　　　　②《35kV变电站现场运行通用管理规定》。
　　　　　　　③《35kV仿真变电站变压器全面巡视作业指导卡》完善版。
（4）教师选取多个学生小组分享变压器不同巡视部位的巡视要点和巡视方法，并结合变压器巡视工作视频，针对学生在巡视过程中出现的问题进行点评讲解。
　　学习资源：①实训指导活页教材。
　　　　　　　②《35kV变电站现场运行通用管理规定》。
　　　　　　　③《35kV仿真变电站变压器全面巡视作业指导卡》完善版。

任务完成评价

（1）提交过程资料：提交《35kV仿真变电站变压器全面巡视作业指导卡》。
（2）完成评价：

类型	级别	评语
自我评价	良好□　一般□　较差□	
组长评价	良好□　一般□　较差□	
教师评价	良好□　一般□　较差□	

（3）实习心得：
_____
_____
_____
_____

_____全面巡视作业指导卡

作业卡编号		作业卡编制人		作业卡批准人	
作业地点		巡视范围	全站	巡视日期	年　月　日
巡视类别		巡视开始时间	时　分	巡视终止时间	时　分
环境温/湿度	℃ /　　%	天气		巡视人员	

一、巡视准备阶段

序号	准备工作	内容	执行结果（√）
1	作业条件		
2	劳动保护措施		
3	钥匙		
4	特殊天气巡视措施		
5	测温仪		
6	通信工具		

二、巡视实施阶段

1. 检查执行情况

序号	设备名称	设备部位	巡视内容/巡视标准	结论
1				正常□　异常□
2				正常□　异常□
3				正常□　异常□
4				正常□　异常□

2. 设备缺陷及异常记录表

序号	设备名称	巡视时间	缺陷及异常现象
1			
2			
3			

三、巡视结束阶段

内容	注意事项	执行结果（√）
工器具归位		
做好记录		
汇报处理		

作业指导卡执行情况评估	符合性	优		可操作项	
		良		不可操作项	
	可操作性	优		修改项	
		良		遗漏项	
存在问题					
改进意见					

项目1 设备巡视及缺陷定性/任务1.1 一次设备全面巡视及缺陷定性

子任务1.1.3 断路器、隔离开关巡视

（1）学生回顾断路器基本结构和工作原理，结合仿真变电站巡视内容，根据断路器巡视的关键点，借鉴变压器巡视作业指导卡填写方法填写《35kV仿真变电站断路器全面巡视作业指导卡》。

学习资源：①实训指导活页教材。
②《35kV变电站现场运行通用管理规定》。
③《35kV仿真变电站断路器全面巡视作业指导卡》空白版。

（2）学生对作业指导卡进行小组互评和研讨，教师指导学生修改完善作业指导卡。

学习资源：① PPT。
②实训指导活页教材。
③《35kV变电站现场运行通用管理规定》。

（3）学生做好巡视人员和工具准备后，按照《35kV仿真变电站断路器全面巡视作业指导卡》巡视内容逐项开展断路器各部分内容巡视，记录断路器缺陷和异常情况。

学习资源：①实训指导活页教材。
②《35kV变电站现场运行通用管理规定》。
③《35kV仿真变电站断路器全面巡视作业指导卡》完善版。

（4）教师选取多个学生小组分享断路器不同巡视部位的巡视要点和巡视方法，教师针对学生在巡视过程中出现的问题进行点评讲解。

学习资源：①实训指导活页教材。
②《35kV变电站现场运行通用管理规定》。
③《35kV仿真变电站断路器全面巡视作业指导卡》完善版。

（5）根据隔离开关巡视的关键点，借鉴断路器巡视作业指导卡填写方法填写《35kV仿真变电站隔离开关全面巡视作业指导卡》。教师指导学生修改完善作业指导卡。

学习资源：①实训指导活页教材。
②《35kV变电站现场运行通用管理规定》。
③《35kV仿真变电站隔离开关全面巡视作业指导卡》空白版。

（6）学生做好巡视人员和工器具准备后，按照《35kV仿真变电站隔离开关全面巡视作业指导卡》巡视内容逐项开展隔离开关各部分内容巡视，记录隔离开关缺陷和异常情况。教师针对学生在巡视过程中出现的问题进行点评讲解。

学习资源：①实训指导活页教材。
②《35kV变电站现场运行通用管理规定》。
③《35kV仿真变电站隔离开关全面巡视作业指导卡》完善版。

任务完成评价

（1）提交过程资料：
①提交《35kV仿真变电站断路器全面巡视作业指导卡》。
②提交《35kV仿真变电站隔离开关全面巡视作业指导卡》。

（2）完成评价：

类型	级别	评语
自我评价	良好□ 一般□ 较差□	
组长评价	良好□ 一般□ 较差□	
教师评价	良好□ 一般□ 较差□	

（3）实习心得：

_____

_____

_____

_____

_____

_____

_____

_____

项目1 设备巡视及缺陷定性/任务1.1 一次设备全面巡视及缺陷定性

_____全面巡视作业指导卡

作业卡编号		作业卡编制人		作业卡批准人		
作业地点		巡视范围	全站	巡视日期	年 月 日	
巡视类别		巡视开始时间	时 分	巡视终止时间	时 分	
环境温/湿度	℃ / %	天气		巡视人员		
一、巡视准备阶段						
序号	准备工作	内容			执行结果(√)	
1	作业条件					
2	劳动保护措施					
3	钥匙					
4	特殊天气巡视措施					
5	测温仪					
6	通信工具					
二、巡视实施阶段						
1.检查执行情况						
序号	设备名称	设备部位	巡视内容/巡视标准		结论	
1					正常□ 异常□	
2					正常□ 异常□	
3					正常□ 异常□	
4					正常□ 异常□	
2.设备缺陷及异常记录表						
序号	设备名称	巡视时间	缺陷及异常现象			
1						
2						
3						
三、巡视结束阶段						
内容	注意事项				执行结果(√)	
工器具归位						
做好记录						
汇报处理						
作业指导卡执行情况评估	符合性	优		可操作项		
		良		不可操作项		
	可操作性	优		修改项		
		良		遗漏项		
存在问题						
改进意见						

项目1 设备巡视及缺陷定性／任务1.1 一次设备全面巡视及缺陷定性

子任务1.1.4 互感器、避雷器巡视

（1）学生根据电流互感器巡视的关键点，结合变压器、断路器和隔离开关巡视的作业指导卡的编制方法，填写《35kV仿真变电站电流互感器全面巡视作业指导卡》。学生对作业指导卡进行小组互评和研讨，教师指导学生修改完善作业指导卡。

　　学习资源：①实训指导活页教材。
　　　　　　②《35kV变电站现场运行通用管理规定》。
　　　　　　③《35kV仿真变电站电流互感器全面巡视作业指导卡》空白版。

（2）学生做好巡视人员和工具准备后，按照《35kV仿真变电站电流互感器全面巡视作业指导卡》巡视内容逐项开展电流互感器各部分内容巡视，记录电流互感器缺陷和异常情况。教师针对学生在巡视过程中出现的问题进行点评讲解。

　　学习资源：①实训指导活页教材。
　　　　　　②《35kV变电站现场运行通用管理规定》。
　　　　　　③《35kV仿真变电站电流互感器全面巡视作业指导卡》完善版。

（3）学生根据电压互感器巡视方法，填写《35kV仿真变电站电压互感器全面巡视作业指导卡》，并根据作业指导卡中的巡视内容逐项开展电压互感器各部分内容巡视，记录电压互感器缺陷和异常情况。

　　学习资源：①实训指导活页教材。
　　　　　　②《35kV变电站现场运行通用管理规定》。
　　　　　　③《35kV仿真变电站电压互感器全面巡视作业指导卡》。

（4）学生根据互感器的巡视方法，填写《35kV仿真变电站避雷器全面巡视作业指导卡》，并根据作业指导卡中的巡视内容逐项开展避雷器各部分内容巡视，记录避雷器缺陷和异常情况。

　　学习资源：①实训指导活页教材。
　　　　　　②《35kV变电站现场运行通用管理规定》。
　　　　　　③《35kV仿真变电站避雷器全面巡视作业指导卡》。

（5）教师选取多个学生小组分别分享电流互感器、电压互感器和避雷器的巡视要点和巡视方法，并针对学生在巡视过程中出现的问题进行点评讲解。

　　学习资源：①实训指导活页教材。
　　　　　　②《35kV变电站现场运行通用管理规定》。

任务完成评价

（1）提交过程资料：
① 提交《35kV仿真变电站电流互感器全面巡视作业指导卡》。
② 提交《35kV仿真变电站电压互感器全面巡视作业指导卡》。
③ 提交《35kV仿真变电站避雷器全面巡视作业指导卡》。

变配电运维与检修（任务书）

（2）完成评价：

类型	级别	评语
自我评价	良好☐ 一般☐ 较差☐	
组长评价	良好☐ 一般☐ 较差☐	
教师评价	良好☐ 一般☐ 较差☐	

（3）实习心得：

_____
_____
_____
_____
_____
_____
_____
_____

项目 1　设备巡视及缺陷定性 / 任务 1.1　一次设备全面巡视及缺陷定性

_____全面巡视作业指导卡

作业卡编号		作业卡编制人		作业卡批准人		
作业地点		巡视范围	全站	巡视日期	年　月　日	
巡视类别		巡视开始时间	时　　分	巡视终止时间	时　　分	
环境温/湿度	℃ /　　%	天气		巡视人员		

一、巡视准备阶段

序号	准备工作	内容	执行结果（√）
1	作业条件		
2	劳动保护措施		
3	钥匙		
4	特殊天气巡视措施		
5	测温仪		
6	通信工具		

二、巡视实施阶段

1. 检查执行情况

序号	设备名称	设备部位	巡视内容/巡视标准	结论
1				正常□　异常□
2				正常□　异常□
3				正常□　异常□
4				正常□　异常□

2. 设备缺陷及异常记录表

序号	设备名称	巡视时间	缺陷及异常现象
1			
2			
3			

三、巡视结束阶段

内容	注意事项		执行结果（√）	
工器具归位				
做好记录				
汇报处理				
作业指导卡执行情况评估	符合性	优	可操作项	
		良	不可操作项	
	可操作性	优	修改项	
		良	遗漏项	
存在问题				
改进意见				

项目 1　设备巡视及缺陷定性 / 任务 1.1　一次设备全面巡视及缺陷定性

子任务 1.1.5　10kV 开关柜巡视

（1）学生回顾 10kV 开关柜基本结构和工作原理，熟悉掌握实训系统 10kV 开关柜结构和部件，根据 10kV 开关柜巡视的关键点，填写《35kV 仿真变电站 10kV 开关柜全面巡视作业指导卡》。

学习资源：① 实训指导活页教材。

②《35kV 变电站现场运行通用管理规定》。

③《35kV 仿真变电站 10kV 开关柜全面巡视作业指导卡》空白版。

（2）根据实训系统 10kV 开关柜结构，教师重点讲解 10kV 开关柜的巡视要点和内容，指导学生对编制的作业指导卡进行完善和修正。学生对修改后的作业指导卡进行小组互评和研讨，根据互评结果再次修改完善作业指导卡。

学习资源：① PPT。

② 实训指导活页教材。

③《35kV 变电站现场运行通用管理规定》。

（3）学生做好巡视人员和工具准备后，按照《35kV 仿真变电站 10kV 开关柜全面巡视作业指导卡》巡视内容逐项开展 10kV 开关柜各部分内容巡视，记录 10kV 开关柜缺陷和异常情况。

学习资源：① 实训指导活页教材。

②《35kV 变电站现场运行通用管理规定》。

③《35kV 仿真变电站 10kV 开关柜全面巡视作业指导卡》完善版。

（4）教师选取多个学生小组分享 10kV 开关柜不同巡视部位的巡视要点和巡视方法，教师结合 10kV 开关柜巡视工作视频，针对学生在巡视过程中出现的问题进行点评讲解。

学习资源：① 实训指导活页教材。

②《35kV 变电站现场运行通用管理规定》。

③《35kV 仿真变电站 10kV 开关柜全面巡视作业指导卡》完善版。

任务完成评价

（1）提交过程资料：提交《35kV 仿真变电站 10kV 开关柜全面巡视作业指导卡》。

（2）完成评价：

类型	级别	评语
自我评价	良好□　一般□　较差□	
组长评价	良好□　一般□　较差□	
教师评价	良好□　一般□　较差□	

（3）实习心得：

变配电运维与检修（任务书）

_____全面巡视作业指导卡

作业卡编号		作业卡编制人			作业卡批准人		
作业地点		巡视范围		全站	巡视日期		年　月　日
巡视类别		巡视开始时间		时　　分	巡视终止时间		时　　分
环境温/湿度	℃/　　%	天气			巡视人员		
一、巡视准备阶段							

序号	准备工作	内容	执行结果（√）
1	作业条件		
2	劳动保护措施		
3	钥匙		
4	特殊天气巡视措施		
5	测温仪		
6	通信工具		

二、巡视实施阶段

1. 检查执行情况

序号	设备名称	设备部位	巡视内容/巡视标准	结论
1				正常□　异常□
2				正常□　异常□
3				正常□　异常□
4				正常□　异常□

2. 设备缺陷及异常记录表

序号	设备名称	巡视时间	缺陷及异常现象
1			
2			
3			

三、巡视结束阶段

内容	注意事项	执行结果（√）
工器具归位		
做好记录		
汇报处理		

作业指导卡执行情况评估	符合性	优		可操作项	
		良		不可操作项	
	可操作性	优		修改项	
		良		遗漏项	

存在问题	
改进意见	

项目1 设备巡视及缺陷定性/任务1.1 一次设备全面巡视及缺陷定性

子任务1.1.6 一次设备缺陷定性

（1）学生学习缺陷管理的作用和要求、缺陷性质分类、缺陷现象、缺陷定性标准、缺陷处理流程和要求。教师结合设备巡视及处理的视频，讲解设备缺陷管理要点。

　　学习资源：① 实训指导活页教材。
　　　　　　　②《35kV变电站现场运行通用管理规定》。
　　　　　　　③ 网络查询。

（2）根据变压器设备缺陷视频和动画，教师引导学生研讨学习《变压器缺陷定性标准表》，指导学生对巡视过程中发现的变压器缺陷一一定性。

　　学习资源：① 实训指导活页教材。
　　　　　　　②《变压器缺陷定性标准表》。

（3）结合断路器、隔离开关的巡视要求，学生学习《断路器缺陷定性标准表》《隔离开关缺陷定性标准表》，对巡视过程中发现的断路器、隔离开关缺陷一一定性。教师选取不同小组分享断路器、隔离开关的缺陷定性要点和方法，并针对学生缺陷定性过程中出现的问题进行点评讲解。

　　学习资源：① 实训指导活页教材。
　　　　　　　②《断路器缺陷定性标准表》《隔离开关缺陷定性标准表》。

（4）结合互感器、避雷器的巡视要求，学生学习《电压互感器缺陷定性标准表》《电流互感器缺陷定性标准表》《避雷器缺陷定性标准表》，对巡视过程中发现的电压互感器、电流互感器、避雷器缺陷一一定性。

（5）学生学习《10kV开关柜缺陷定性标准表》，对巡视过程中发现的10kV开关柜缺陷一一定性。教师组织学生开展设备缺陷定性小组互评。

任务完成评价

（1）提交过程资料：提交《35kV变电站一次设备巡视缺陷定性记录表》。

（2）完成评价：

类型	级别	评语
自我评价	良好□　一般□　较差□	
组长评价	良好□　一般□　较差□	
教师评价	良好□　一般□　较差□	

（3）实习心得：

_____

_____

_____

_____

_____变电站一次设备巡视缺陷定性记录表

巡视人员：　　　　巡视日期：

序号	设备名称	巡视时间	缺陷及异常现象	缺陷分类	缺陷定性依据
1					
2					
3					
4					
5					
6					
7					
8					

项目 1　设备巡视及缺陷定性 / 任务 1.2　二次设备及站用系统巡视及缺陷定性

任务 1.2　二次设备及站用系统巡视及缺陷定性

情境介绍

公司运维通用管理规定要求 35kV 变电站全面巡视每两月不少于 1 次。根据 35kV 仿真变电站巡视计划，现在要开展 35kV 仿真变电站全面巡视工作。作为运检班成员，请完成 35kV 仿真变电站二次设备全面巡视，检查监视二次设备运行状态，发现二次设备缺陷及隐患，并完成缺陷定性，向上级汇报巡视情况。

任务说明

（1）完成 35kV 仿真变电站二次设备全面巡视，记录设备缺陷。
（2）对巡视过程中发现的二次设备缺陷进行分析、定性。
（3）总计 6 课时，每个子任务 2 课时。

承担角色

巡视工作负责人□　　巡视工作成员□

任务完成路径

子任务 1.2.1　继电保护与自动装置巡视

（1）学生结合设备工作原理及仿真变电站巡视内容，根据变电站一次设备巡视准备要点，分析二次设备巡视危险点并制订相应的预控措施，准备巡视工器具，完成二次设备巡视准备工作。
　　学习资源：①实训指导活页教材。
　　　　　　　②《35kV 变电站现场运行通用管理规定》。
　　　　　　　③《35kV 仿真变电站设备巡视准备工作任务卡》。
（2）回顾继电保护与自动装置基本组成结构和工作原理，结合仿真变电站巡视内容和一次设备巡视作业指导卡的填写方法，填写《35kV 仿真变电站继电保护与自动装置全面巡视作业指导卡》。
　　学习资源：①实训指导活页教材。
　　　　　　　②《35kV 变电站现场运行通用管理规定》。
　　　　　　　③《35kV 仿真变电站继电保护与自动装置全面巡视作业指导卡》。
（3）学生对作业指导卡进行小组互评和研讨，教师重点讲解继电保护与自动装置巡视要点和内容，指导学生对编制的作业指导卡进行完善和修正。
　　学习资源：①PPT。
　　　　　　　②实训指导活页教材。
　　　　　　　③《35kV 变电站现场运行通用管理规定》。

（4）学生做好巡视人员和工具准备后，按照《35kV仿真变电站继电保护与自动装置全面巡视作业指导卡》巡视内容逐项开展继电保护与自动装置各部分内容巡视，记录继电保护与自动装置缺陷和异常情况。

学习资源：① 实训指导活页教材。

② 《35kV变电站现场运行通用管理规定》。

（5）教师选取多个学生小组分享继电保护与自动装置不同巡视部位的巡视要点和巡视方法，并针对学生在巡视过程中出现的问题进行点评讲解。

学习资源：① 实训指导活页教材。

② 《35kV变电站现场运行通用管理规定》。

任务完成评价

（1）提交过程资料：提交《35kV仿真变电站继电保护与自动装置全面巡视作业指导卡》。

（2）完成评价：

类型	级别	评语
自我评价	良好□　一般□　较差□	
组长评价	良好□　一般□　较差□	
教师评价	良好□　一般□　较差□	

（3）实习心得：

_____

_____

_____

_____

_____

_____

项目1 设备巡视及缺陷定性 / 任务1.2 二次设备及站用系统巡视及缺陷定性

_____全面巡视作业指导卡

作业卡编号		作业卡编制人			作业卡批准人		
作业地点		巡视范围		全站	巡视日期	年 月	日
巡视类别		巡视开始时间	时	分	巡视终止时间	时	分
环境温/湿度	℃/ %	天气			巡视人员		
一、巡视准备阶段							
序号	准备工作	内容				执行结果(√)	
1	作业条件						
2	劳动保护措施						
3	钥匙						
4	特殊天气巡视措施						
5	测温仪						
6	通信工具						
二、巡视实施阶段							

1. 检查执行情况

序号	设备名称	设备部位	巡视内容/巡视标准	结论
1				正常□ 异常□
2				正常□ 异常□
3				正常□ 异常□
4				正常□ 异常□
5				正常□ 异常□
6				正常□ 异常□
7				正常□ 异常□
8				正常□ 异常□
9				正常□ 异常□
10				正常□ 异常□

(续)

2.设备缺陷及异常记录表			
序号	设备名称	巡视时间	缺陷及异常现象
1			
2			
3			
4			
5			
6			

三、巡视结束阶段

内容	注意事项			执行结果（√）	
工器具归位					
做好记录					
汇报处理					
作业指导卡执行情况评估	符合性	优		可操作项	
		良		不可操作项	
	可操作性	优		修改项	
		良		遗漏项	
存在问题					
改进意见					

项目1 设备巡视及缺陷定性 / 任务1.2 二次设备及站用系统巡视及缺陷定性

子任务1.2.2 综合自动化系统、交直流系统巡视

（1）回顾综合自动化系统基本组成结构和工作原理，结合仿真变电站巡视内容和继电保护与自动装置作业指导卡的填写方法，填写《35kV仿真变电站综合自动化系统全面巡视作业指导卡》。教师指导学生对编制的作业指导卡进行完善和修正。

学习资源：① 实训指导活页教材。
② 《35kV变电站现场运行通用管理规定》。

（2）回顾交直流系统基本组成结构和工作原理，填写《35kV仿真变电站交直流系统全面巡视作业指导卡》。教师指导学生对编制的作业指导卡进行完善和修正。

学习资源：① 实训指导活页教材。
② 《35kV变电站现场运行通用管理规定》。

（3）学生做好巡视人员和工具准备后，按照《35kV仿真变电站综合自动化系统全面巡视作业指导卡》《35kV仿真变电站交直流系统全面巡视作业指导卡》巡视内容逐项开展巡视，记录设备缺陷和异常情况。

学习资源：① 实训指导活页教材。
② 《35kV变电站现场运行通用管理规定》。

（4）教师选取多个学生小组分享综合自动化系统、交直流系统不同巡视部位的巡视要点和巡视方法，并针对学生在巡视过程中出现的问题进行点评讲解。

学习资源：① 实训指导活页教材。
② 《35kV变电站现场运行通用管理规定》。

任务完成评价

（1）提交过程资料：
① 提交《35kV仿真变电站综合自动化系统全面巡视作业指导卡》。
② 提交《35kV仿真变电站交直流系统全面巡视作业指导卡》。
（2）完成评价：

类型	级别			评语
自我评价	良好□	一般□	较差□	
组长评价	良好□	一般□	较差□	
教师评价	良好□	一般□	较差□	

（3）实习心得：

_____全面巡视作业指导卡

作业卡编号		作业卡编制人		作业卡批准人	
作业地点		巡视范围	全站	巡视日期	年 月 日
巡视类别		巡视开始时间	时 分	巡视终止时间	时 分
环境温/湿度	℃/ %	天气		巡视人员	

一、巡视准备阶段

序号	准备工作	内容	执行结果（√）
1	作业条件		
2	劳动保护措施		
3	钥匙		
4	特殊天气巡视措施		
5	测温仪		
6	通信工具		

二、巡视实施阶段

1. 检查执行情况

序号	设备名称	设备部位	巡视内容/巡视标准	结论
1				正常□ 异常□
2				正常□ 异常□
3				正常□ 异常□
4				正常□ 异常□

2. 设备缺陷及异常记录表

序号	设备名称	巡视时间	缺陷及异常现象
1			
2			
3			

三、巡视结束阶段

内容	注意事项			执行结果（√）	
工器具归位					
做好记录					
汇报处理					
作业指导卡执行情况评估	符合性	优		可操作项	
		良		不可操作项	
	可操作性	优		修改项	
		良		遗漏项	
存在问题					
改进意见					

项目1 设备巡视及缺陷定性/任务1.2 二次设备及站用系统巡视及缺陷定性

子任务1.2.3 二次设备缺陷定性

(1)根据继电保护与自动装置设备缺陷视频,教师引导学生研讨学习《继电保护与自动装置缺陷定性标准表》,指导学生对巡视过程中发现的继电保护与自动装置缺陷一一定性。

学习资源:①实训指导活页教材。

②《继电保护与自动装置缺陷定性标准表》。

(2)结合综合自动化系统、交直流系统的巡视要求,学生学习《综合自动化系统缺陷定性标准表》《交直流系统缺陷定性标准表》,对巡视过程中发现的综合自动化系统、交直流系统缺陷一一定性。

学习资源:①实训指导活页教材。

②《综合自动化系统缺陷定性标准表》《交直流系统缺陷定性标准表》。

(3)教师选取不同小组分享继电保护与自动装置、综合自动化系统、交直流系统的缺陷定性要点和方法,并针对学生缺陷定性过程中出现的问题进行点评讲解。

学习资源:①实训指导活页教材。

②《35kV变电站现场运行管理规程》。

任务完成评价

(1)提交过程资料:提交《35kV变电站二次设备巡视缺陷定性记录表》。

(2)完成评价:

类型	级别			评语
自我评价	良好□	一般□	较差□	
组长评价	良好□	一般□	较差□	
教师评价	良好□	一般□	较差□	

(3)实习心得:

_____
_____
_____
_____
_____
_____
_____

变配电运维与检修（任务书）

_____变电站二次设备巡视缺陷定性记录表

巡视人员： 巡视日期：

序号	设备名称	巡视时间	缺陷及异常现象	缺陷分类	缺陷定性依据
1					
2					
3					
4					
5					
6					
7					
8					

项目 2

设备维护

任务 2.1　开关柜加热器更换

情境介绍

某日，高压试验班对仿真变电站 10kV 开关柜进行例行试验时，发现开关柜内电流互感器绝缘发生严重受潮。试验人员发现开关柜内的温湿度控制器显示湿度为 90%，超过了设定值，开关柜加热器已经自动投入。经检查，加热器控制回路正常，但加热器本身未发热，试验人员判断加热器损坏。按照变配电设备管理要求，当开关柜加热器损坏时，需要安全规范地进行更换。

任务说明

（1）安全、规范地完成 10kV 电线厂线开关柜加热器更换任务。
（2）总计 2 课时。

承担角色

操作人□　　监护人□

任务完成路径

（1）了解造成开关柜内湿度过高的原因，了解开关柜湿度过高带来的一系列严重后果。
学习资源：① 教师讲解。
　　　　　② 网络查询。
（2）根据错误示例，探讨更换加热器过程中需要注意的要点。
学习资源：① 教师演示。
　　　　　② 网络查询。
（3）研讨学习更换加热器的标准流程及具体过程。
学习资源：① PPT。
　　　　　② 实训指导活页教材。
（4）应用所学知识，编制《10kV 开关柜加热器更换作业指导卡》，在教师的指导下，对编制的作业指导卡进行完善和修正。
学习资源：①《10kV 开关柜加热器更换作业指导卡》空白版。
　　　　　② 实训指导活页教材。
（5）两人一组，轮流担任监护人和操作人，按照作业指导卡要求，练习加热器更换操作。

学习资源：《10kV 开关柜加热器更换作业指导卡》。

（6）学习研讨《10kV 开关柜加热器更换项目评分标准》。

学习资源：《10kV 开关柜加热器更换项目评分标准》。

（7）两人一组，组间轮流担任操作组和评分组进行实操考核。操作组按照作业指导卡要求，安全规范地完成加热器更换操作，评分组根据评分标准对操作组的工作进行评分。

学习资源：①《10kV 开关柜加热器更换作业指导卡》。

②《10kV 开关柜加热器更换项目评分标准》。

（8）研讨、撰写实习心得。

▲ 任务完成评价 ▲

（1）提交过程资料：

① 提交《10kV 开关柜加热器更换作业指导卡》。

② 提交《10kV 开关柜加热器更换项目评分标准》（已完成打分）。

（2）完成评价：

类型	级别	评语
自我评价	良好□　一般□　较差□	
组长评价	良好□　一般□　较差□	
教师评价	良好□　一般□　较差□	

（3）实习心得：

_____
_____
_____
_____
_____
_____
_____

项目2 设备维护／任务2.1 开关柜加热器更换

<u>　　　　　　</u>变电站开关柜加热器更换作业指导卡

作业卡编号		作业卡编制人		作业卡批准人	
作业开始时间	年　月　日　时　分	作业结束时间	年　月　日　时　分	作业性质	日常维护
作业监护人		作业执行人		作业周期	
一、维护准备阶段					
序号	执行步骤			执行结果（√）	
^	工作内容	标准及要求		^	
1	人员要求				
2	作业风险管控				
二、维护实施项目					
序号	执行步骤			执行结果（√）	
^	工作内容	标准及要求		^	
1					
2					
3					
4					
5					
6					
7					
8					
9					
10					
三、维护验收阶段					
序号	执行步骤			执行结果（√）	
^	工作内容	标准及要求		^	
1	清理现场				
2	做好记录				
3	验收试验结果				验收人：

(续)

作业指导卡执行情况评估	符合性	优		可操作项	
		良		不可操作项	
	可操作性	优		修改项	
		良		遗漏项	
存在问题					
改进意见					

项目2 设备维护/任务2.2 开关柜储能电源开关更换

任务2.2 开关柜储能电源开关更换

▶ 情境介绍 ◀

某日,仿真变电站10kV电线厂线送电时,开关柜合闸后面板上的储能指示灯未亮,且手车上的储能指示位置也指向未储能。经检查发现,开关柜储能电源开关损坏,导致储能电动机未起动。按照变配电设备管理要求,当开关柜中的储能电源开关损坏时,需要安全规范地进行更换。

▶ 任务说明 ◀

(1)安全、规范地完成10kV电线厂线开关柜储能电源开关更换任务。
(2)总计2课时。

▶ 承担角色 ◀

操作人□   监护人□

▶ 任务完成路径 ◀

(1)根据动画回顾开关柜储能电源的工作原理,了解储能电源损坏带来的严重后果。
学习资源:① 教师讲解。
② 储能工作原理动画。
(2)根据错误示例,探讨更换开关过程中的要点。
学习资源:① 更换开关错误示例视频。
② 网络查询。
(3)研讨学习更换储能电源开关的标准流程及具体过程。
学习资源:① PPT。
② 实训指导活页教材。
(4)应用所学知识,编制《10kV开关柜储能电源开关更换作业指导卡》,在教师指导下,对编制的作业指导卡进行完善和修正。
学习资源:①《10kV开关柜储能电源开关更换作业指导卡》空白版。
② 实训指导活页教材。
(5)两人一组,轮流担任监护人和操作人,按照作业指导卡要求,练习储能电源开关更换操作。
学习资源:《10kV开关柜储能电源开关更换作业指导卡》。
(6)学习研讨《10kV开关柜储能电源开关更换项目评分标准》。
学习资源:《10kV开关柜储能电源开关更换项目评分标准》。
(7)两人一组,组间轮流担任操作组和评分组进行实操考核。操作组按照作业指导卡要求,安全规范地完成储能电源开关更换操作,评分组根据评分标准对操作组的工作进行评分。

变配电运维与检修（任务书）

学习资源：①《10kV 开关柜储能电源开关更换作业指导卡》。
②《10kV 开关柜储能电源开关更换项目评分标准》。

（8）研讨、撰写实习心得。

▶▲ 任务完成评价 ▲◀

（1）提交过程资料：
① 提交《10kV 开关柜储能电源开关更换作业指导卡》。
② 提交《10kV 开关柜储能电源开关更换项目评分标准》(已完成打分)。
（2）完成评价：

类型	级别	评语
自我评价	良好□　一般□　较差□	
组长评价	良好□　一般□　较差□	
教师评价	良好□　一般□　较差□	

（3）实习心得：

_____
_____
_____
_____
_____
_____
_____

项目 2　设备维护 / 任务 2.2　开关柜储能电源开关更换

_____变电站开关柜储能电源开关更换作业指导卡

作业卡编号		作业卡编制人		作业卡批准人	
作业开始时间	年　月　日　时　分	作业结束时间	年　月　日　时　分	作业性质	日常维护
作业监护人		作业执行人		作业周期	
一、维护准备阶段					

序号	执行步骤		执行结果（√）
	工作内容	标准及要求	
1	人员要求		
2	作业风险管控		

| 二、维护实施项目 ||||

序号	执行步骤		执行结果（√）
	工作内容	标准及要求	
1			
2			
3			
4			
5			
6			
7			
8			
9			
10			

| 三、维护验收阶段 ||||

序号	执行步骤		执行结果（√）
	工作内容	标准及要求	
1	清理现场		
2	做好记录		
3	验收试验结果		验收人：

(续)

作业指导卡执行情况评估	符合性	优		可操作项	
		良		不可操作项	
	可操作性	优		修改项	
		良		遗漏项	
存在问题					
改进意见					

项目2 设备维护/任务2.3 开关柜继电保护定值与压板核对

任务2.3 开关柜继电保护定值与压板核对

情境介绍

为确保变电站继电保护精益化管理,夯实变电站二次设备运维管理基础,近期,将对仿真变电站全站开关柜的继电保护定值及保护压板开展一次专项核对检查,以确保保护装置的定值正确、压板正确投入。

任务说明

(1)安全、规范地完成10kV电线厂线开关柜保护定值与压板核对任务。
(2)总计2课时。

承担角色

操作人□　　监护人□

任务完成路径

(1)回顾继电保护定值和压板的功能,了解继电保护定值和压板不对应的严重后果。
学习资源:教师讲解。
(2)根据错误示例,探讨核对开关柜继电保护定值和压板过程中的要点。
学习资源:①核对开关柜继电保护定值和压板错误示例视频。
　　　　　②教师讲解。
(3)研讨学习核对开关柜继电保护定值和压板的标准流程及具体过程。
学习资源:①PPT。
　　　　　②实训指导活页教材。
(4)应用所学知识,编制《10kV开关柜继电保护定值和压板核对作业指导卡》,在教师的指导下,对编制的作业指导卡进行完善和修正。
学习资源:①《10kV开关柜继电保护定值和压板核对作业指导卡》空白版。
　　　　　②实训指导活页教材。
(5)两人一组,轮流担任监护人和操作人,按照作业指导卡要求,练习核对开关柜继电保护定值和压板操作。
学习资源:《10kV开关柜继电保护定值和压板核对作业指导卡》。
(6)学习研讨《10kV开关柜继电保护定值和压板核对项目评分标准》。
学习资源:《10kV开关柜继电保护定值和压板核对项目评分标准》。
(7)两人一组,组间轮流担任操作组和评分组进行实操考核。操作组按照作业指导卡要求,安全规范地完成10kV开关柜继电保护定值和压板核对操作,评分组根据评分标准对操作组的工作进行评分。
学习资源:①《10kV开关柜继电保护定值和压板核对作业指导卡》。
　　　　　②《10kV开关柜继电保护定值和压板核对项目评分标准》。

（8）研讨、撰写实习心得。

任务完成评价

（1）提交过程资料：
① 提交《10kV开关柜继电保护定值和压板核对作业指导卡》。
② 提交《10kV开关柜继电保护定值和压板核对项目评分标准》（已完成打分）。

（2）完成评价：

类型	级别	评语
自我评价	良好□ 一般□ 较差□	
组长评价	良好□ 一般□ 较差□	
教师评价	良好□ 一般□ 较差□	

（3）实习心得：

_____
_____
_____
_____
_____
_____
_____

项目 2　设备维护／任务 2.3　开关柜继电保护定值与压板核对

＿＿＿＿＿＿变电站10kV开关柜继电保护定值和压板核对作业指导卡

作业卡编号		作业卡编制人		作业卡批准人	
作业开始时间	年　月　日　时　分	作业结束时间	年　月　日　时　分	作业性质	
作业监护人		作业执行人		作业周期	
一、维护准备阶段					

序号	执行步骤		执行结果（√）
	工作内容	标准及要求	
1	人员要求		
2	作业风险管控		

二、维护实施项目			
序号	执行步骤		执行结果（√）
	工作内容	标准及要求	
1			
2			
3			
4			
5			
6			
7			
8			
9			
10			

三、维护验收阶段			
序号	执行步骤		执行结果（√）
	工作内容	标准及要求	
1	清理现场		
2	做好记录		
3	验收试验结果		验收人：

(续)

作业指导卡执行情况评估	符合性	优		可操作项	
		良		不可操作项	
	可操作性	优		修改项	
		良		遗漏项	
存在问题					
改进意见					

项目 2　设备维护 / 任务 2.4　安全工器具维护

任务 2.4　安全工器具维护

▶ 情境介绍 ◀

为确保变电站安全运行，近期，将对仿真变电站安全工器具开展一次专项维护工作，以确保安全工器具安全可靠。

▶ 任务说明 ◀

（1）安全、规范地完成安全工器具维护任务。
（2）总计 2 课时。

▶ 承担角色 ◀

操作人□　　监护人□

▶ 任务完成路径 ◀

（1）根据动画回顾各类安全工器具的工作原理，了解安全工器具损坏带来的严重后果。
学习资源：① 教师讲解。
　　　　　② 安全工器具工作原理动画。
（2）根据错误示例，探讨安全工器具维护过程中的要点。
学习资源：① 安全工器具维护误示例视频。
　　　　　② 网络查询。
（3）研讨学习安全工器具维护的标准流程及具体过程。
学习资源：① PPT。
　　　　　② 实训指导活页教材。
（4）应用所学知识，编制《安全工器具维护作业指导卡》，在教师的指导下，对编制的作业指导卡进行完善和修正。
学习资源：①《安全工器具维护作业指导卡》空白版。
　　　　　② 实训指导活页教材。
（5）两人一组，轮流担任监护人和操作人，按照作业指导卡要求，练习安全工器具维护操作。
学习资源：《安全工器具维护作业指导卡》。
（6）学习研讨《安全工器具维护项目评分标准》。
学习资源：《安全工器具维护项目评分标准》。
（7）两人一组，组间轮流担任操作组和评分组进行实操考核。操作组按照作业指导卡要求，安全规范地完成安全工器具维护操作，评分组根据评分标准对操作组的工作进行评分。
学习资源：①《安全工器具维护作业指导卡》。
　　　　　②《安全工器具维护项目评分标准》。
（8）研讨、撰写实习心得。

变配电运维与检修(任务书)

>▲ 任务完成评价 ▲◀

(1)提交过程资料:
① 提交《安全工器具维护作业指导卡》。
② 提交《安全工器具维护项目评分标准》(已完成打分)。
(2)完成评价:

类型	级别	评语
自我评价	良好□ 一般□ 较差□	
组长评价	良好□ 一般□ 较差□	
教师评价	良好□ 一般□ 较差□	

(3)实习心得:

_____
_____
_____
_____
_____
_____
_____
_____

项目2　设备维护 / 任务2.4　安全工器具维护

_____变电站安全工器具维护作业指导卡

作业卡编号		作业卡编制人		作业卡批准人	
作业开始时间	年　月　日　时　分	作业结束时间	年　月　日　时　分	作业性质	日常维护
作业监护人		作业执行人		作业周期	
一、维护准备阶段					
序号	执行步骤			执行结果（√）	
	工作内容	标准及要求			
1	人员要求				
2	作业风险管控				
二、维护实施项目					
序号	执行步骤			执行结果（√）	
	工作内容	标准及要求			
1					
2					
3					
4					
5					
6					
7					
8					
9					
10					
三、维护验收阶段					
序号	执行步骤			执行结果（√）	
	工作内容	标准及要求			
1	清理现场				
2	做好记录				
3	验收试验结果			验收人：	

（续）

作业指导卡执行情况评估	符合性	优		可操作项	
		良		不可操作项	
	可操作性	优		修改项	
		良		遗漏项	
存在问题					
改进意见					

项目 3

倒闸操作

任务 3.1　配电线路及断路器倒闸操作

子任务 3.1.1　35kV 断路器及线路由运行转检修

▶ **情境介绍** ◀

根据供电公司检修工作安排，计划本月对 35kV 仿真变电站全部 35kV 线路及相应断路器依次进行停运检修工作，以保证两条 35kV 线路线路安全可靠供电。为配合检修工作安排，本次将执行 35kV 城关一线及 303 断路器由运行转检修任务。

▶ **任务说明** ◀

（1）安全、规范地完成仿真变电站 35kV 城关一线及 303 断路器由运行转检修任务。
（2）总计 4 课时。

▶ **承担角色** ◀

操作人□　　监护人□

▶ **任务完成路径** ◀

（1）根据倒闸事故案例，了解错误的线路倒闸操作带来的严重后果。
学习资源：线路倒闸事故案例材料。
（2）回顾 35kV 线路由运行转检修的操作原理，探讨 35kV 线路由运行转检修操作过程中的安全要点。
学习资源：① PPT。
　　　　　②《35kV 变电站运行规程》。
（3）研讨学习 35kV 线路及断路器由运行转检修操作的标准流程。
学习资源：① PPT。
　　　　　②实训指导活页教材。
（4）应用所学知识，编制与本次任务所对应的《35kV 仿真变电站倒闸操作票》，在教师的指导下，对编制的操作票进行完善和修正。
学习资源：①《35kV 仿真变电站倒闸操作票》空白版。
　　　　　②实训指导活页教材。

（5）两人一组，轮流担任监护人和操作人，按照倒闸操作标准步骤，对照操作票，练习35kV城关一线及303断路器由运行转检修操作。

学习资源：《35kV仿真变电站倒闸操作票》。

（6）学习研讨《35kV线路及断路器由运行转检修项目评分标准》。

学习资源：《35kV线路及断路器由运行转检修项目评分标准》。

（7）两人一组，组间轮流担任操作组和评分组进行实操考核。操作组按照倒闸操作标准步骤要求，安全规范地完成35kV城关一线及303断路器由运行转检修操作，评分组根据评分标准对操作组的工作进行评分。

学习资源：①《35kV仿真变电站倒闸操作票》。
②《35kV线路及断路器由运行转检修项目评分标准》。

（8）研讨、撰写实习心得。

任务完成评价

（1）提交过程资料：

①提交《35kV仿真变电站倒闸操作票》（35kV城关一线及303断路器由运行转检修任务）。

②提交《35kV线路及断路器由运行转检修项目评分标准》（已完成打分）。

（2）完成评价：

类型	级别	评语
自我评价	良好□ 一般□ 较差□	
组长评价	良好□ 一般□ 较差□	
教师评价	良好□ 一般□ 较差□	

（3）实习心得：

_____
_____
_____
_____
_____
_____
_____

项目 3　倒闸操作 / 任务 3.1　配电线路及断路器倒闸操作

子任务 3.1.2　35kV 断路器及线路由检修转运行

情境介绍

根据供电公司检修工作安排，计划本月对 35kV 仿真变电站全部 35kV 线路及相应断路器依次进行停运检修工作，以保证两条 35kV 线路线路安全可靠供电。目前，35kV 城关一线及 303 断路器已检修完毕，需要重新投入运行，本次将执行 35kV 城关一线及 303 断路器由检修转运行任务。

任务说明

（1）安全、规范地完成仿真变电站 35kV 城关一线及 303 断路器由检修转运行任务。
（2）总计 2 课时。

承担角色

操作人□　　监护人□

任务完成路径

（1）回顾 35kV 线路由检修转运行的操作原理，探讨 35kV 线路由检修转运行操作过程中的安全要点。
　　学习资源：① PPT。
　　　　　　　②《35kV 变电站运行规程》。
（2）研讨学习 35kV 线路及断路器由检修转运行操作的标准流程。
　　学习资源：① PPT。
　　　　　　　② 实训指导活页教材。
（3）应用所学知识，编制与本任务所对应的《35kV 仿真变电站倒闸操作票》，在教师的指导下，对编制的操作票进行完善和修正。
　　学习资源：①《35kV 仿真变电站倒闸操作票》空白版。
　　　　　　　② 实训指导活页教材。
（4）两人一组，轮流担任监护人和操作人，按照倒闸操作标准步骤，对照操作票，练习 35kV 城关一线及 303 断路器由检修转运行操作。
　　学习资源：《35kV 仿真变电站倒闸操作票》。
（5）学习研讨《35kV 线路及断路器由检修转运行项目评分标准》。
　　学习资源：《35kV 线路及断路器由检修转运行项目评分标准》。
（6）两人一组，组间轮流担任操作组和评分组进行实操考核。操作组按照倒闸操作标准步骤要求，安全规范地完成 35kV 城关一线及 303 断路器由检修转运行操作，评分组根据评分标准对操作组的工作进行评分。
　　学习资源：①《35kV 仿真变电站倒闸操作票》。
　　　　　　　②《35kV 线路及断路器由检修转运行项目评分标准》。

（7）研讨、撰写实习心得。

任务完成评价

（1）提交过程资料：

①提交《35kV 仿真变电站倒闸操作票》（35kV 城关一线及 303 断路器由检修转运行任务）。

②提交《35kV 线路及断路器由检修转运行项目评分标准》（已完成打分）。

（2）完成评价：

类型	级别	评语
自我评价	良好□ 一般□ 较差□	
组长评价	良好□ 一般□ 较差□	
教师评价	良好□ 一般□ 较差□	

（3）实习心得：

___

___

___

___

___

___

___

项目3 倒闸操作／任务3.1 配电线路及断路器倒闸操作

子任务3.1.3 10kV断路器及线路由运行转检修

▶ 情境介绍 ◀

根据供电公司检修工作安排，计划本月对35kV仿真变电站全部10kV线路及相应断路器依次进行停运检修工作，以保证四条10kV线路线路安全可靠供电。为配合检修工作安排，本次将执行10kV电线厂线及08断路器由运行转检修任务。

▶ 任务说明 ◀

（1）安全、规范地完成仿真变电站10kV电线厂线及08断路器由运行转检修任务。
（2）总计2课时。

▶ 承担角色 ◀

操作人□　　监护人□

▶ 任务完成路径 ◀

（1）回顾10kV线路由运行转检修的操作原理，探讨10kV线路由运行转检修操作过程中的安全要点。
学习资源：①PPT。
　　　　　②《35kV变电站运行规程》。
（2）研讨学习10kV线路及断路器由运行转检修操作的标准流程。
学习资源：①PPT。
　　　　　②实训指导活页教材。
（3）应用所学知识，编制与本任务所对应的《35kV仿真变电站倒闸操作票》，在教师的指导下，对编制的操作票进行完善和修正。
学习资源：①《35kV仿真变电站倒闸操作票》空白版。
　　　　　②实训指导活页教材。
（4）两人一组，轮流担任监护人和操作人，按照倒闸操作标准步骤，对照操作票，练习10kV电线厂线及08断路器由运行转检修操作。
学习资源：《35kV仿真变电站倒闸操作票》。
（5）学习研讨《10kV线路及断路器由运行转检修项目评分标准》。
学习资源：《10kV线路及断路器由运行转检修项目评分标准》。
（6）两人一组，组间轮流担任操作组和评分组进行实操考核。操作组按照倒闸操作标准步骤要求，安全规范地完成10kV电线厂线及08断路器由运行转检修操作，评分组根据评分标准对操作组的工作进行评分。
学习资源：①《35kV仿真变电站倒闸操作票》。
　　　　　②《10kV线路及断路器由运行转检修项目评分标准》。
（7）研讨、撰写实习心得。

变配电运维与检修（任务书）

任务完成评价

（1）提交过程资料：

①提交《35kV 仿真变电站倒闸操作票》（10kV 电线厂线及 08 断路器由运行转检修任务）。

②提交《10kV 线路及断路器由运行转检修项目评分标准》（已完成打分）。

（2）完成评价：

类型	级别	评语
自我评价	良好□　一般□　较差□	
组长评价	良好□　一般□　较差□	
教师评价	良好□　一般□　较差□	

（3）实习心得：

_____

_____

_____

_____

_____

_____

_____

_____

项目 3　倒闸操作 / 任务 3.1　配电线路及断路器倒闸操作

子任务 3.1.4　10kV 断路器及线路由检修转运行

▶ 情境介绍 ◀

根据供电公司检修工作安排，计划本月对 35kV 仿真变电站全部 10kV 线路及相应断路器依次进行停运检修工作，以保证四条 10kV 线路线路安全可靠供电。目前，10kV 电线厂线及 08 断路器已检修完毕，需要重新投入运行，本次将执行 10kV 电线厂线及 08 断路器由检修转运行任务。

▶ 任务说明 ◀

（1）安全、规范地完成仿真变电站 10kV 电线厂线及 08 断路器由检修转运行任务。
（2）总计 2 课时。

▶ 承担角色 ◀

操作人□　　监护人□

▶ 任务完成路径 ◀

（1）回顾 10kV 线路由检修转运行的操作原理，探讨 10kV 线路由检修转运行操作过程中的安全要点。
　　学习资源：① PPT。
　　　　　　　②《35kV 变电站运行规程》。
（2）研讨学习 10kV 线路及断路器由检修转运行操作的标准流程。
　　学习资源：① PPT。
　　　　　　　② 实训指导活页教材。
（3）应用所学知识，编制与本次任务所对应的《35kV 仿真变电站倒闸操作票》，在教师的指导下，对编制的操作票进行完善和修正。
　　学习资源：①《35kV 仿真变电站倒闸操作票》空白版。
　　　　　　　② 实训指导活页教材。
（4）两人一组，轮流担任监护人和操作人，按照倒闸操作标准步骤，对照操作票，练习 10kV 电线厂线及 08 断路器由检修转运行操作。
　　学习资源：《35kV 仿真变电站倒闸操作票》。
（5）学习研讨《10kV 线路及断路器由检修转运行项目评分标准》。
　　学习资源：《10kV 线路及断路器由检修转运行项目评分标准》。
（6）两人一组，组间轮流担任操作组和评分组进行实操考核。操作组按照倒闸操作标准步骤要求，安全规范地完成 10kV 电线厂线及 08 断路器由检修转运行操作，评分组根据评分标准对操作组的工作进行评分。
　　学习资源：①《35kV 仿真变电站倒闸操作票》。
　　　　　　　②《10kV 线路及断路器由检修转运行项目评分标准》。

（7）研讨、撰写实习心得。

任务完成评价

（1）提交过程资料：
① 提交《35kV 仿真变电站倒闸操作票》（10kV 电线厂线及 08 断路器由检修转运行任务）。
② 提交《10kV 线路及断路器由检修转运行项目评分标准》（已完成打分）。

（2）完成评价：

类型	级别	评语
自我评价	良好□ 一般□ 较差□	
组长评价	良好□ 一般□ 较差□	
教师评价	良好□ 一般□ 较差□	

（3）实习心得：

_____
_____
_____
_____
_____
_____
_____
_____

10kV西纺线
由检修转运行

项目 3 倒闸操作 / 任务 3.2 母线倒闸操作

任务 3.2 母线倒闸操作

子任务 3.2.1 10kV 母线由运行转检修

▶ **情境介绍** ◀

根据供电公司检修工作安排,计划本月对 35kV 仿真变电站两条 10kV 母线依次进行停运检修工作,以保证线路安全可靠供电。为配合检修工作安排,本次将执行 10kV Ⅰ母由运行转检修任务。

▶ **任务说明** ◀

(1)安全、规范地完成 35kV 仿真变电站 10kV Ⅰ母由运行转检修任务。
(2)总计 4 课时。

▶ **承担角色** ◀

操作人□   监护人□

▶ **任务完成路径** ◀

(1)根据倒闸事故案例,了解错误的母线倒闸操作带来的严重后果。
学习资源:母线倒闸事故案例材料。
(2)回顾 10kV 母线由运行转检修的操作原理,探讨 10kV 母线由运行转检修操作过程中的安全要点。
学习资源:① PPT。
②《35kV 变电站运行规程》。
(3)研讨学习 10kV 母线由运行转检修操作的标准流程。
学习资源:① PPT。
② 实训指导活页教材。
(4)应用所学知识,编制与本任务所对应的《35kV 仿真变电站倒闸操作票》,在教师的指导下,对编制的操作票进行完善和修正。
学习资源:①《35kV 仿真变电站倒闸操作票》空白版。
② 实训指导活页教材。
(5)两人一组,轮流担任监护人和操作人,按照倒闸操作标准步骤,对照操作票,练习 10kV Ⅰ母由运行转检修操作。
学习资源:《35kV 仿真变电站倒闸操作票》。
(6)学习研讨《10kV 母线由运行转检修项目评分标准》。
学习资源:《10kV 母线由运行转检修项目评分标准》。
(7)两人一组,组间轮流担任操作组和评分组进行实操考核。操作组按照倒闸操作标准

变配电运维与检修(任务书)

步骤要求,安全规范地完成10kV Ⅰ母由运行转检修操作,评分组根据评分标准对操作组的工作进行评分。

　　学习资源:①《35kV仿真变电站倒闸操作票》。
　　　　　　②《10kV母线由运行转检修项目评分标准》。

(8)研讨、撰写实习心得。

▶ 任务完成评价 ◀

(1)提交过程资料:
① 提交《35kV仿真变电站倒闸操作票》(10kV Ⅰ母由运行转检修任务)。
② 提交《10kV母线由运行转检修项目评分标准》(已完成打分)。

(2)完成评价:

类型	级别			评语
自我评价	良好□	一般□	较差□	
组长评价	良好□	一般□	较差□	
教师评价	良好□	一般□	较差□	

(3)实习心得:

_____
_____
_____
_____
_____
_____
_____

项目 3　倒闸操作 / 任务 3.2　母线倒闸操作

子任务 3.2.2　10kV 母线由检修转运行

▶ 情境介绍 ◀

根据供电公司检修工作安排，计划本月对 35kV 仿真变电站两条 10kV 母线依次进行停运检修工作，以保证线路安全可靠供电。目前，10kV Ⅰ母已检修完毕，需要重新投入运行，本次将执行 10kV Ⅰ母由检修转运行任务。

▶ 任务说明 ◀

（1）安全、规范地完成 35kV 仿真变电站 10kV Ⅰ母由检修转运行任务。
（2）总计 2 课时。

▶ 承担角色 ◀

操作人☐　　监护人☐

▶ 任务完成路径 ◀

（1）回顾 10kV 母线由检修转运行的操作原理，探讨 10kV 母线由检修转运行操作过程中的安全要点。
　　学习资源：① PPT。
　　　　　　　②《35kV 变电站运行规程》。
（2）研讨学习 10kV 母线由检修转运行操作的标准流程。
　　学习资源：① PPT。
　　　　　　　② 实训指导活页教材。
（3）应用所学知识，编制与本任务所对应的《35kV 仿真变电站倒闸操作票》，在教师的指导下，对编制的操作票进行完善和修正。
　　学习资源：①《35kV 仿真变电站倒闸操作票》空白版。
　　　　　　　② 实训指导活页教材。
（4）两人一组，轮流担任监护人和操作人，按照倒闸操作标准步骤，对照操作票，练习 10kV Ⅰ母由检修转运行操作。
　　学习资源：《35kV 仿真变电站倒闸操作票》。
（5）学习研讨《10kV 母线由检修转运行项目评分标准》。
　　学习资源：《10kV 母线由检修转运行项目评分标准》。
（6）两人一组，组间轮流担任操作组和评分组进行实操考核。操作组按照倒闸操作标准步骤要求，安全规范地完成 10kV Ⅰ母由检修转运行操作，评分组根据评分标准对操作组的工作进行评分。
　　学习资源：①《35kV 仿真变电站倒闸操作票》。
　　　　　　　②《10kV 母线由检修转运行项目评分标准》。
（7）研讨、撰写实习心得。

变配电运维与检修(任务书)

任务完成评价

(1) 提交过程资料:

① 提交《35kV 仿真变电站倒闸操作票》(10kV Ⅰ母由检修转运行任务)。

② 提交《10kV 母线由检修转运行项目评分标准》(已完成打分)。

(2) 完成评价:

类型	级别	评语
自我评价	良好□ 一般□ 较差□	
组长评价	良好□ 一般□ 较差□	
教师评价	良好□ 一般□ 较差□	

(3) 实习心得:

_____

_____

_____

_____

_____

_____

_____

_____

项目3　倒闸操作／任务3.3　主变压器倒闸操作

任务 3.3　主变压器倒闸操作

子任务 3.3.1　35kV 主变压器由运行转检修

▶ 情境介绍 ◀

根据供电公司检修工作安排，计划本月对 35kV 仿真变电站两台 35kV 主变压器依次进行停运检修工作，以保证线路安全可靠供电。为配合检修工作安排，本次将执行 #1 主变由运行转检修任务。

▶ 任务说明 ◀

（1）安全、规范地完成 35kV 仿真变电站 35kV #1 主变由运行转检修任务。
（2）总计 4 课时。

▶ 承担角色 ◀

操作人□　　监护人□

▶ 任务完成路径 ◀

（1）根据倒闸事故案例，了解错误的主变倒闸操作带来的严重后果。
学习资源：主变倒闸事故案例材料。
（2）回顾 35kV 主变压器由运行转检修的操作原理，探讨 35kV 主变压器由运行转检修操作过程中的安全要点。
学习资源：① PPT。
　　　　　　② 《35kV 变电站运行规程》。
（3）研讨学习 35kV 主变压器由运行转检修操作的标准流程。
学习资源：① PPT。
　　　　　　② 实训指导活页教材。
（4）应用所学知识，编制与本任务所对应的《35kV 仿真变电站倒闸操作票》，在教师的指导下，对编制的操作票进行完善和修正。
学习资源：①《35kV 仿真变电站倒闸操作票》空白版。
　　　　　　② 实训指导活页教材。
（5）两人一组，轮流担任监护人和操作人，按照倒闸操作标准步骤，对照操作票，练习 35kV #1 主变由运行转检修操作。
学习资源：《35kV 仿真变电站倒闸操作票》。
（6）学习研讨《35kV 主变压器由运行转检修项目评分标准》。
学习资源：《35kV 主变压器由运行转检修项目评分标准》。
（7）两人一组，组间轮流担任操作组和评分组进行实操考核。操作组按照倒闸操作标准步骤要求，安全规范地完成35kV #1 主变由运行转检修操作，评分组根据评分标准对操作组的工作进行评分。

学习资源：①《35kV 仿真变电站倒闸操作票》。

②《35kV 主变压器由运行转检修项目评分标准》。

（8）研讨、撰写实习心得。

任务完成评价

（1）提交过程资料：

① 提交《35kV 仿真变电站倒闸操作票》（35kV #1 主变由运行转检修任务）。

② 提交《35kV 主变压器由运行转检修项目评分标准》（已完成打分）。

（2）完成评价：

类型	级别	评语
自我评价	良好☐　一般☐　较差☐	
组长评价	良好☐　一般☐　较差☐	
教师评价	良好☐　一般☐　较差☐	

（3）实习心得：

_____
_____
_____
_____
_____
_____
_____
_____

#1主变由运行转检修

项目 3 倒闸操作 / 任务 3.3 主变压器倒闸操作

子任务 3.3.2　35kV 主变压器由检修转运行

▶ 情境介绍 ◀

根据供电公司检修工作安排，计划本月对 35kV 仿真变电站两台 35kV 主变压器依次进行停运检修工作，以保证线路安全可靠供电。目前，35kV #1 主变已检修完毕，需要重新投入运行，本次将执行 35kV #1 主变由检修转运行任务。

▶ 任务说明 ◀

（1）安全、规范地完成 35kV 仿真变电站 35kV #1 主变由检修转运行任务。
（2）总计 2 课时。

▶ 承担角色 ◀

操作人□　　监护人□

▶ 任务完成路径 ◀

（1）回顾 35kV 主变压器由检修转运行的操作原理，探讨 35kV 主变压器由检修转运行操作过程中的安全要点。
　　学习资源：① PPT。
　　　　　　　②《35kV 变电站运行规程》。
（2）研讨学习 35kV 主变压器由检修转运行操作的标准流程。
　　学习资源：① PPT。
　　　　　　　② 实训指导活页教材。
（3）应用所学知识，编制与本任务所对应的《35kV 仿真变电站倒闸操作票》，在教师的指导下，对编制的操作票进行完善和修正。
　　学习资源：①《35kV 仿真变电站倒闸操作票》空白版。
　　　　　　　② 实训指导活页教材。
（4）两人一组，轮流担任监护人和操作人，按照倒闸操作标准步骤，对照操作票，练习 35kV #1 主变由检修转运行操作。
　　学习资源：《35kV 仿真变电站倒闸操作票》。
（5）学习研讨《35kV 主变压器由检修转运行项目评分标准》。
　　学习资源：《35kV 主变压器由检修转运行项目评分标准》。
（6）两人一组，组间轮流担任操作组和评分组进行实操考核。操作组按照倒闸操作标准步骤要求，安全规范地完成 35kV #1 主变由检修转运行操作，评分组根据评分标准对操作组的工作进行评分。
　　学习资源：①《35kV 仿真变电站倒闸操作票》。
　　　　　　　②《35kV 主变压器由检修转运行项目评分标准》。
（7）研讨、撰写实习心得。

任务完成评价

（1）提交过程资料：

① 提交《35kV 仿真变电站倒闸操作票》（35kV #1 主变由检修转运行任务）。

② 提交《35kV 主变压器由检修转运行项目评分标准》（已完成打分）。

（2）完成评价：

类型	级别			评语
自我评价	良好□	一般□	较差□	
组长评价	良好□	一般□	较差□	
教师评价	良好□	一般□	较差□	

（3）实习心得：

_____
_____
_____
_____
_____
_____
_____
_____

#1主变由检修转运行

项目 3 倒闸操作 / 任务 3.4 站用交直流系统倒闸操作

任务 3.4 站用交直流系统倒闸操作

子任务 3.4.1 10kV 站用变由运行转检修

情境介绍

根据供电公司检修工作安排，计划本月对 35kV 仿真变电站两台 10kV 站用变压器依次进行停运检修工作，以保证线路安全可靠供电。为配合检修工作安排，本次将执行 #1 站用变由运行转检修任务。

任务说明

（1）安全、规范地完成 35kV 仿真变电站 10kV #1 站用变由运行转检修任务。
（2）总计 2 课时。

承担角色

操作人□   监护人□

任务完成路径

（1）根据倒闸事故案例，了解错误的站用变压器倒闸操作带来的严重后果。
学习资源：站用变压器倒闸事故案例材料。
（2）回顾 10kV 站用变压器由运行转检修的操作原理，探讨 10kV 站用变压器由运行转检修操作过程中的安全要点。
学习资源：① PPT。
②《35kV 变电站运行规程》。
（3）研讨学习 10kV 站用变压器由运行转检修操作的标准流程。
学习资源：① PPT。
② 实训指导活页教材。
（4）应用所学知识，编制与本任务所对应的《35kV 仿真变电站倒闸操作票》，在教师的指导下，对编制的操作票进行完善和修正。
学习资源：①《35kV 仿真变电站倒闸操作票》空白版。
② 实训指导活页教材。
（5）两人一组，轮流担任监护人和操作人，按照倒闸操作标准步骤，对照操作票，练习 10kV #1 站用变由运行转检修操作。
学习资源：《35kV 仿真变电站倒闸操作票》。
（6）学习研讨《10kV 站用变压器由运行转检修项目评分标准》。
学习资源：《10kV 站用变压器由运行转检修项目评分标准》。
（7）两人一组，组间轮流担任操作组和评分组进行实操考核。操作组按照倒闸操作标准

变配电运维与检修（任务书）

步骤要求，安全规范地完成 10kV #1 站用变由运行转检修操作，评分组根据评分标准对操作组的工作进行评分。

学习资源：①《35kV 仿真变电站倒闸操作票》。

②《10kV 站用变压器由运行转检修项目评分标准》。

（8）研讨、撰写实习心得。

任务完成评价

（1）提交过程资料：

① 提交《35kV 仿真变电站倒闸操作票》（10kV #1 站用变由运行转检修任务）。

② 提交《10kV 站用变压器由运行转检修项目评分标准》(已完成打分)。

（2）完成评价：

类型	级别	评语
自我评价	良好☐ 一般☐ 较差☐	
组长评价	良好☐ 一般☐ 较差☐	
教师评价	良好☐ 一般☐ 较差☐	

（3）实习心得：

_____
_____
_____
_____
_____
_____
_____
_____

项目3 倒闸操作/任务3.4 站用交直流系统倒闸操作

子任务 3.4.2 10kV 站用变由检修转运行

情境介绍

根据供电公司检修工作安排，计划本月对 35kV 仿真变电站两台 10kV 站用变压器依次进行停运检修工作，以保证线路安全可靠供电。目前，10kV #1 站用变已检修完毕，需要重新投入运行，本次将执行 10kV #1 站用变由检修转运行任务。

任务说明

（1）安全、规范地完成 35kV 仿真变电站 10kV #1 站用变由检修转运行任务。
（2）总计 2 课时。

承担角色

操作人□　　监护人□

任务完成路径

（1）回顾 10kV 站用变压器由检修转运行的操作原理，探讨 10kV 站用变压器由检修转运行操作过程中的安全要点。
　　学习资源：① PPT。
　　　　　　　②《35kV 变电站运行规程》。
（2）研讨学习 10kV 站用变压器由检修转运行操作的标准流程。
　　学习资源：① PPT。
　　　　　　　② 实训指导活页教材。
（3）应用所学知识，编制与本任务所对应的《35kV 仿真变电站倒闸操作票》，在教师的指导下，对编制的操作票进行完善和修正。
　　学习资源：①《35kV 仿真变电站倒闸操作票》空白版。
　　　　　　　② 实训指导活页教材。
（4）两人一组，轮流担任监护人和操作人，按照倒闸操作标准步骤，对照操作票，练习 10kV #1 站用变由检修转运行操作。
　　学习资源：《35kV 仿真变电站倒闸操作票》。
（5）学习研讨《10kV 站用变压器由检修转运行项目评分标准》。
　　学习资源：《10kV 站用变压器由检修转运行项目评分标准》。
（6）两人一组，组间轮流担任操作组和评分组进行实操考核。操作组按照倒闸操作标准步骤要求，安全规范地完成 10kV #1 站用变由检修转运行操作，评分组根据评分标准对操作组的工作进行评分。
　　学习资源：①《35kV 仿真变电站倒闸操作票》。
　　　　　　　②《10kV 站用变压器由检修转运行项目评分标准》。
（7）研讨、撰写实习心得。

变配电运维与检修（任务书）

任务完成评价

（1）提交过程资料：

① 提交《35kV 仿真变电站倒闸操作票》（10kV #1 站用变由检修转运行任务）。

② 提交《10kV 站用变压器由检修转运行项目评分标准》（已完成打分）。

（2）完成评价：

类型	级别	评语
自我评价	良好□ 一般□ 较差□	
组长评价	良好□ 一般□ 较差□	
教师评价	良好□ 一般□ 较差□	

（3）实习心得：

_____
_____
_____
_____
_____
_____
_____
_____

项目 3　倒闸操作 / 任务 3.4　站用交直流系统倒闸操作

子任务 3.4.3　直流系统 #1 整流柜由运行转检修

情境介绍

根据供电公司检修工作安排，计划本月对 35kV 仿真变电站站用直流系统依次进行停运检修工作，以保证线路安全可靠供电。为配合检修工作安排，本次将执行站用直流系统 #1 整流柜由运行转检修任务。

任务说明

（1）安全、规范地完成 35kV 仿真变电站站用直流系统 #1 整流柜由运行转检修任务。
（2）总计 2 课时。

承担角色

操作人□　　监护人□

任务完成路径

（1）回顾站用直流系统由运行转检修的操作原理，探讨站用直流系统由运行转检修操作过程中的安全要点。
　　学习资源：①PPT。
　　　　　　②《35kV 变电站运行规程》。
（2）研讨学习站用直流系统由运行转检修操作的标准流程。
　　学习资源：①PPT。
　　　　　　②实训指导活页教材。
（3）应用所学知识，编制与本任务所对应的《35kV 仿真变电站倒闸操作票》，在教师的指导下，对编制的操作票进行完善和修正。
　　学习资源：①《35kV 仿真变电站倒闸操作票》空白版。
　　　　　　②实训指导活页教材。
（4）两人一组，轮流担任监护人和操作人，按照倒闸操作标准步骤，对照操作票，练习站用直流系统 #1 整流柜由运行转检修操作。
　　学习资源：《35kV 仿真变电站倒闸操作票》。
（5）学习研讨《站用直流系统由运行转检修项目评分标准》。
　　学习资源：《站用直流系统由运行转检修项目评分标准》。
（6）两人一组，组间轮流担任操作组和评分组进行实操考核。操作组按照倒闸操作标准步骤要求，安全规范地完成站用直流系统 #1 整流柜由运行转检修操作，评分组根据评分标准对操作组的工作进行评分。
　　学习资源：①《35kV 仿真变电站倒闸操作票》。
　　　　　　②《站用直流系统由运行转检修项目评分标准》。
（7）研讨、撰写实习心得。

变配电运维与检修（任务书）

任务完成评价

（1）提交过程资料：

① 提交《35kV 仿真变电站倒闸操作票》（站用直流系统 #1 整流柜由运行转检修任务）。

② 提交《站用直流系统由运行转检修项目评分标准》（已完成打分）。

（2）完成评价：

类型	级别			评语
自我评价	良好□	一般□	较差□	
组长评价	良好□	一般□	较差□	
教师评价	良好□	一般□	较差□	

（3）实习心得：

项目 3　倒闸操作 / 任务 3.4　站用交直流系统倒闸操作

子任务 3.4.4　直流系统 #1 整流柜由检修转运行

▶ 情境介绍 ◀

根据供电公司检修工作安排,计划本月对 35kV 仿真变电站站用直流系统依次进行停运检修工作,以保证线路安全可靠供电。目前,站用直流系统 #1 整流柜已检修完毕,需要重新投入运行,本次将执行站用直流系统 #1 整流柜由检修转运行任务。

▶ 任务说明 ◀

(1)安全、规范地完成 35kV 仿真变电站站用直流系统 #1 整流柜由检修转运行任务。
(2)总计 2 课时。

▶ 承担角色 ◀

操作人□　　监护人□

▶ 任务完成路径 ◀

(1)回顾站用直流系统由检修转运行的操作原理,探讨站用直流系统由检修转运行操作过程中的安全要点。
　　学习资源:① PPT。
　　　　　　　②《35kV 变电站运行规程》。
(2)研讨学习站用直流系统由检修转运行操作的标准流程。
　　学习资源:① PPT。
　　　　　　　②实训指导活页教材。
(3)应用所学知识,编制与本任务所对应的《35kV 仿真变电站倒闸操作票》,在教师的指导下,对编制的操作票进行完善和修正。
　　学习资源:①《35kV 仿真变电站倒闸操作票》空白版。
　　　　　　　②实训指导活页教材。
(4)两人一组,轮流担任监护人和操作人,按照倒闸操作标准步骤,对照操作票,练习站用直流系统 #1 整流柜由检修转运行操作。
　　学习资源:《35kV 仿真变电站倒闸操作票》。
(5)学习研讨《站用直流系统由检修转运行项目评分标准》。
　　学习资源:《站用直流系统由检修转运行项目评分标准》。
(6)两人一组,组间轮流担任操作组和评分组进行实操考核。操作组按照倒闸操作标准步骤要求,安全规范地完成站用直流系统 #1 整流柜由检修转运行操作,评分组根据评分标准对操作组的工作进行评分。
　　学习资源:①《35kV 仿真变电站倒闸操作票》。
　　　　　　　②《站用直流系统由检修转运行项目评分标准》。
(7)研讨、撰写实习心得。

变配电运维与检修(任务书)

▶ 任务完成评价 ◀

(1) 提交过程资料:
① 提交《35kV 仿真变电站倒闸操作票》(站用直流系统 #1 整流柜由检修转运行任务)。
② 提交《站用直流系统由检修转运行项目评分标准》(已完成打分)。

(2) 完成评价:

类型	级别	评语
自我评价	良好□ 一般□ 较差□	
组长评价	良好□ 一般□ 较差□	
教师评价	良好□ 一般□ 较差□	

(3) 实习心得:
_____
_____
_____
_____
_____
_____
_____
_____

项目3 倒闸操作 / 任务3.4 站用交直流系统倒闸操作

35kV仿真变电站倒闸操作票

单位：　　　　　　　　　　　　　　　　　　　　　编号：

发令人		接令人		发令时间：	年　月　日　时　分
操作开始时间：　年　月　日　时　分				操作结束时间：　年　月　日　时　分	
（　）单人操作		（　）监护下操作		（　）检修人员操作	
操作任务					
顺序	操作项目			执行时间	执行结果（√）
备注					

填票人：	审票人：	值班负责人（值长）：
操作人：	监护人：	填票时间：

项目 4

异常、故障处理

任务 4.1　开关设备、线路异常、故障处理

情境介绍

电气设备在运行中可能会出现设备缺陷、运行异常、动作障碍，严重时会导致事故，影响变电站、电网安全稳定运行。

情境一：运维人员在巡视过程中发现断路器、隔离开关存在缺陷，请按照35kV变电站异常和故障处理要求，完成断路器、隔离开关异常处理。

情境二：接调度指令，35kV仿真变电站10kV线路出现故障，请按照35kV变电站故障处理要求，完成10kV线路故障处理。

任务说明

（1）按照异常处理要求完成断路器典型异常处理。
（2）按照异常处理流程要求完成隔离开关典型异常处理。
（3）按照故障处理流程要求完成10kV线路故障处理。
（4）总计6课时，每个子任务2课时。

承担角色

工作负责人□　　工作班成员□

任务完成路径

子任务 4.1.1　断路器典型异常处理

（1）学生学习异常及故障处理原则、流程和方法。结合设备异常和故障处理视频，教师重点讲解设备异常和故障处理的要点和要求。
　　学习资源：①教师讲解。②设备异常和故障处理视频。
（2）根据断路器结构动画和异常案例视频，研讨总结断路器主要异常现象。
　　学习资源：①实训指导活页教材。②断路器结构动画。③断路器异常案例视频。
（3）教师指导学生按照异常和故障处理步骤完成断路器典型异常1（断路器控制回路断线）的处理。根据故障处理过程，教师引导学生研讨异常和故障处理评分标准。
　　学习资源：①实训指导活页教材。②《断路器异常和故障处理汇报单》。

变配电运维与检修（任务书）

（4）学生完成断路器典型异常2（断路器操作失灵）的处理。教师根据评分标准，指导学生小组互评《断路器异常和故障处理汇报单》，并针对学生异常处理过程中出现的问题进行点评讲解。

学习资源：①实训指导活页教材。②《断路器异常和故障处理汇报单》。

（5）学生完成断路器复杂异常处理考试。根据评分标准，学生小组互评和教师点评。

学习资源：①实训指导活页教材。②《断路器异常和故障处理汇报单》。

任务完成评价

（1）提交过程资料：

① 提交《断路器异常和故障处理汇报单》。

② 提交《断路器异常处理操作事件记录》。

（2）完成评价：

类型	级别	评语
自我评价	良好□　一般□　较差□	
组长评价	良好□　一般□　较差□	
教师评价	良好□　一般□　较差□	

（3）实习心得：

_____
_____
_____
_____

断路器异常和故障处理汇报单

一、检查汇报（异常和故障现象）
二、紧急处理
三、故障分析及处理方法
四、故障处理过程

项目 4　异常、故障处理 / 任务 4.1　开关设备、线路异常、故障处理

子任务 4.1.2　隔离开关典型异常处理

（1）根据隔离开关结构动画和异常案例视频，研讨总结隔离开关主要异常现象。
学习资源：①实训指导活页教材。
　　　　　②隔离开关结构动画。
　　　　　③隔离开关异常案例视频。
（2）教师指导学生按照异常和故障处理步骤，完成隔离开关典型异常 1（隔离开关操作失灵）的处理。教师根据评分标准，针对学生异常处理过程中的问题进行点评讲解。
学习资源：①实训指导活页教材。
　　　　　②《隔离开关异常和故障处理汇报单》。
（3）学生完成隔离开关典型异常 2（隔离开关合闸不到位）的处理。教师根据评分标准，指导学生小组互评《隔离开关异常和故障处理汇报单》。
学习资源：①实训指导活页教材。
　　　　　②《隔离开关异常和故障处理汇报单》。
（4）学生完成隔离开关复杂异常处理考试。根据评分标准，学生小组互评和教师点评。
学习资源：①实训指导活页教材。
　　　　　②《隔离开关异常和故障处理汇报单》。

任务完成评价

（1）提交过程资料：
①提交《隔离开关异常和故障处理汇报单》。
②提交《隔离开关异常处理操作事件记录》。
（2）完成评价：

类型	级别	评语
自我评价	良好□　一般□　较差□	
组长评价	良好□　一般□　较差□	
教师评价	良好□　一般□　较差□	

（3）实习心得：

隔离开关异常和故障处理汇报单

一、检查汇报（异常和故障现象）
二、紧急处理
三、故障分析及处理方法
四、故障处理过程

项目 4 异常、故障处理 / 任务 4.1 开关设备、线路异常、故障处理

子任务 4.1.3 10kV 线路故障处理

（1）学习研讨 35kV 变电站保护配置原则、分类和保护范围，记录 35kV 仿真变电站保护配置情况和保护范围。

　　学习资源：① 实训指导活页教材。
　　　　　　　② 继电保护与自动装置参考书。

（2）学生学习线路故障类型和故障处理原则、流程和方法。根据线路异常和故障处理视频，教师重点讲解故障处理的要点和要求。

　　学习资源：① 实训指导活页教材。
　　　　　　　② 线路异常和故障处理视频。

（3）教师根据《10kV 线路异常和故障处理评分标准》，指导学生完成 10kV 线路瞬时性故障处理，并对故障处理过程中出现的问题进行点评。

　　学习资源：① 实训指导活页教材。
　　　　　　　②《10kV 线路异常和故障处理评分标准》。

（4）学生完成 10kV 线路永久性故障处理考试。根据评分标准，进行小组互评和老师点评总结。

　　学习资源：① 实训指导活页教材。
　　　　　　　②《10kV 线路异常和故障处理评分标准》。

任务完成评价

（1）提交过程资料：
① 提交《10kV 线路异常和故障处理汇报单》。
② 提交《10kV 线路异常和故障处理操作事件记录》。
（2）完成评价：

类型	级别			评语
自我评价	良好□	一般□	较差□	
组长评价	良好□	一般□	较差□	
教师评价	良好□	一般□	较差□	

（3）实习心得：

_____
_____
_____
_____
_____
_____

变配电运维与检修(任务书)

10kV线路异常和故障处理汇报单

一、检查汇报(异常和故障现象)
二、紧急处理
三、故障分析及处理方法
四、故障处理过程

任务 4.2　互感器异常、母线故障处理

▲情境介绍▲

电气设备在运行中可能会出现设备缺陷、运行异常、动作障碍,严重时会导致事故,影响变电站、电网安全稳定运行。

情境一:运维人员在巡视过程中发现电压互感器、电流互感器存在缺陷,请按照35kV变电站异常和故障处理要求,完成互感器异常处理。

情境二:接调度指令,35kV仿真变电站10kV母线出现故障,请按照35kV变电站故障处理要求,完成10kV母线故障处理。

情境三:接调度指令,35kV仿真变电站35kV母线出现故障,请按照35kV变电站故障处理要求,完成35kV母线故障处理。

▲任务说明▲

(1)按照异常处理要求完成互感器典型异常处理。
(2)按照故障处理流程要求完成10kV母线故障处理。
(3)按照故障处理流程要求完成35kV母线故障处理。
(4)总计6课时,子任务4.2.1为2课时,子任务4.2.2为4课时。

▲承担角色▲

工作负责人□　　工作班成员□

▲任务完成路径▲

子任务 4.2.1　互感器典型异常处理

(1)根据电压互感器、电流互感器结构动画和异常案例视频,研讨互感器主要异常现象。

学习资源:①实训指导活页教材。
②互感器结构动画。
③互感器异常案例视频。

(2)教师指导学生按照异常和故障处理步骤,完成电流互感器典型异常(电流互感器二次回路开路)的处理。教师根据评分标准,针对学生异常处理过程中的问题进行点评讲解。

学习资源:①实训指导活页教材。
②《电流互感器异常和故障处理汇报单》。

(3)学生根据电压互感器异常处理方法,完成电压互感器典型异常(电压互感器二次电压异常)的处理。教师根据评分标准,指导学生小组互评《电压互感器异常和故障处理汇报单》。

学习资源：①实训指导活页教材。
②《电压互感器异常和故障处理汇报单》。

（4）学生根据互感器异常处理方法，分小组分别完成互感器典型异常1（互感器本体渗漏油）、互感器典型异常2（互感器末屏接触不良）的处理。教师根据评分标准，指导学生小组互评《互感器异常和故障处理汇报单》。教师点评讲解异常处理过程中的问题。

学习资源：①实训指导活页教材。
②《互感器异常和故障处理汇报单》。

（5）学生完成互感器典型异常3（互感器运行声音异常）的处理的考试。根据评分标准，学生小组互评和教师点评。

学习资源：①实训指导活页教材。
②《互感器异常和故障处理汇报单》。

任务完成评价

（1）提交过程资料：
① 提交《互感器异常和故障处理汇报单》。
② 提交《互感器异常和故障处理操作事件记录》。

（2）完成评价：

类型	级别			评语
自我评价	良好□	一般□	较差□	
组长评价	良好□	一般□	较差□	
教师评价	良好□	一般□	较差□	

（3）实习心得：

_____
_____
_____
_____
_____
_____
_____
_____

项目 4 异常、故障处理 / 任务 4.2 互感器异常、母线故障处理

互感器异常和故障处理汇报单

一、检查汇报（异常和故障现象）
二、紧急处理
三、故障分析及处理方法
四、故障处理过程

项目 4 异常、故障处理 / 任务 4.2 互感器异常、母线故障处理

子任务 4.2.2 母线故障处理

（1）根据 35kV 仿真变电站保护配置情况和保护范围，研讨不同类型的 10kV 母线故障和 35kV 母线故障主要异常现象和信号。

学习资源：① 实训指导活页教材。

② 继电保护与自动装置参考书。

（2）教师根据异常和故障处理评分标准，指导学生完成 10kV 母线故障处理，并对故障处理过程中出现的问题进行点评。

学习资源：① 实训指导活页教材。

② 《10kV 母线异常和故障处理汇报单》。

③ 《10kV 母线异常和故障处理评分标准》。

（3）学生参照 10kV 母线故障处理方法和流程，完成 35kV 母线故障处理。根据评分标准，进行小组互评和教师点评总结。

学习资源：① 实训指导活页教材。

② 《35kV 母线异常和故障处理汇报单》。

③ 《35kV 母线异常和故障处理评分标准》。

任务完成评价

（1）提交过程资料：

① 提交《10kV 母线（35kV 母线）异常和故障处理汇报单》。

② 提交《10kV 母线（35kV 母线）异常和故障处理操作事件记录》。

（2）完成评价：

类型	级别	评语
自我评价	良好☐ 一般☐ 较差☐	
组长评价	良好☐ 一般☐ 较差☐	
教师评价	良好☐ 一般☐ 较差☐	

（3）实习心得：

变配电运维与检修（任务书）

10kV 母线(35kV 母线)异常和故障处理汇报单

一、检查汇报（异常和故障现象）
二、紧急处理
三、故障分析及处理方法
四、故障处理过程

项目4 异常、故障处理 / 任务4.3 主变压器异常、故障处理

任务4.3 主变压器异常、故障处理

情境介绍

电气设备在运行中可能会出现设备缺陷、运行异常、动作障碍,严重时会导致事故,影响变电站、电网安全稳定运行。

情境一:运维人员在巡视过程中发现主变压器存在缺陷,请按照35kV变电站异常和故障处理要求,完成主变压器异常处理。

情境二:接调度指令,35kV仿真变电站主变压器出现故障,请按照35kV变电站故障处理要求,完成主变压器故障处理。

任务说明

(1)按照异常处理流程要求完成主变压器典型异常处理。
(2)按照故障处理流程要求完成主变压器故障处理。
(3)总计4课时,每个子任务2课时。

承担角色

工作负责人☐　　工作班成员☐

任务完成路径

子任务4.3.1 主变压器典型异常处理

(1)根据变压器结构动画和异常案例视频,研讨总结变压器主要异常现象。
学习资源:① 实训指导活页教材。
② 变压器结构动画。
③ 变压器异常案例视频。
(2)教师指导学生按照异常和故障处理步骤,完成变压器典型异常1(变压器油温异常)的处理。教师根据评分标准,针对学生异常处理过程中的问题进行点评讲解。
学习资源:① 实训指导活页教材。
②《主变压器异常和故障处理汇报单》。
(3)学生根据变压器典型异常处理方法,完成变压器典型异常2(变压器油位异常)的处理。教师根据评分标准,指导学生小组互评《主变压器异常和故障处理汇报单》。
学习资源:① 实训指导活页教材。
②《主变压器异常和故障处理汇报单》。
(4)学生根据变压器异常处理方法,分小组分别完成变压器典型异常3(变压器套管异常)、变压器典型异常4(变压器运行声音异常)、变压器典型异常5(变压器轻瓦斯报警)的处理。学生小组汇报异常处理过程和方法,教师点评讲解异常处理过程中的问题。

变配电运维与检修(任务书)

学习资源:① 实训指导活页教材。
②《主变压器异常和故障处理汇报单》。

任务完成评价

(1)提交过程资料:
① 提交《主变压器异常和故障处理汇报单》。
② 提交《主变压器异常和故障处理操作事件记录》。
(2)完成评价:

类型	级别	评语
自我评价	良好□ 一般□ 较差□	
组长评价	良好□ 一般□ 较差□	
教师评价	良好□ 一般□ 较差□	

(3)实习心得:

_____
_____
_____
_____
_____
_____
_____
_____

项目 4　异常、故障处理 / 任务 4.3　主变压器异常、故障处理

主变压器异常和故障处理汇报单

一、检查汇报（异常和故障现象）

二、紧急处理

三、故障分析及处理方法

四、故障处理过程

项目 4　异常、故障处理 / 任务 4.3　主变压器异常、故障处理

子任务 4.3.2　主变压器故障处理

（1）根据 35kV 仿真变电站变压器保护配置情况和保护范围，研讨总结变压器故障类型、主要现象和保护动作情况。
　　学习资源：① 实训指导活页教材。
　　　　　　　② 继电保护与自动装置参考书。
（2）教师根据异常和故障处理评分标准，指导学生完成变压器故障 1（变压器内部、引线故障）的处理。教师对故障处理过程中出现的问题进行点评。
　　学习资源：① 实训指导活页教材。
　　　　　　　②《主变压器异常和故障处理汇报单》。
　　　　　　　③《主变压器异常和故障处理评分标准》。
（3）学生根据变压器故障处理方法和流程，完成变压器故障 2（变压器外部故障，后备保护动作）的处理。根据评分标准，进行小组互评和教师点评总结。
　　学习资源：① 实训指导活页教材。
　　　　　　　②《主变压器异常和故障处理汇报单》。
　　　　　　　③《主变压器异常和故障处理评分标准》。

任务完成评价

（1）提交过程资料：
① 提交《主变压器异常和故障处理汇报单》。
② 提交《主变压器异常和故障处理操作事件记录》。
（2）完成评价：

类型	级别	评语
自我评价	良好□　一般□　较差□	
组长评价	良好□　一般□　较差□	
教师评价	良好□　一般□　较差□	

（3）实习心得：

_____
_____
_____
_____
_____
_____
_____

主变压器异常和故障处理汇报单

一、检查汇报（异常和故障现象）
二、紧急处理
三、故障分析及处理方法
四、故障处理过程

项目 4 异常、故障处理 / 任务 4.4 站用交直流系统异常及故障处理

任务 4.4　站用交直流系统异常及故障处理

▶ 情境介绍 ◀

电气设备在运行中可能会出现设备缺陷、运行异常、动作障碍，严重时会导致事故，影响变电站、电网安全稳定运行。

情境一：运维人员在巡视过程中发现站用交流系统出现异常现象，请按照 35kV 变电站异常和故障处理要求，完成站用交流系统异常处理。

情境二：运维人员在巡视过程中发现站用直流系统出现异常现象，请按照 35kV 变电站异常和故障处理要求，完成站用直流系统异常处理。

▶ 任务说明 ◀

（1）按照异常和故障处理流程要求完成站用交流系统异常、故障处理。
（2）按照异常和故障处理流程要求完成站用直流系统异常、故障处理。
（3）总计 4 课时，每个子任务 2 课时。

▶ 承担角色 ◀

工作负责人□　　工作班成员□

▶ 任务完成路径 ◀

▶▶ 子任务 4.4.1　站用交流系统异常、故障处理

（1）根据 35kV 站用系统结构和保护配置情况，研讨总结站用交流系统主要异常、故障现象。
　　学习资源：① 实训指导活页教材。
　　　　　　　② 35kV 仿真变电站系统结构图。
（2）教师指导学生按照异常和故障处理步骤，完成站用交流系统异常（站用电备自投装置异常告警）处理。教师根据评分标准，针对学生异常处理过程中的问题进行点评讲解。
　　学习资源：① 实训指导活页教材。
　　　　　　　②《站用交流系统异常和故障处理汇报单》。
（3）学生根据站用交流系统异常处理方法，完成站用交流系统故障 1（站用变压器故障）处理。教师根据评分标准，指导学生小组互评《站用交流系统异常和故障处理汇报单》，并针对学生故障处理过程中的问题进行点评讲解。
　　学习资源：① 实训指导活页教材。
　　　　　　　②《站用交流系统异常和故障处理汇报单》。
（4）学生完成站用交流系统故障 2（站用交流母线全部失电压）处理。学生小组汇报故障处理过程和方法，教师点评讲解异常处理过程中的问题。

变配电运维与检修（任务书）

学习资源：① 实训指导活页教材。
②《站用交流系统异常和故障处理汇报单》。

▶ 任务完成评价 ◀

（1）提交过程资料：
① 提交《站用交流系统异常和故障处理汇报单》。
② 提交《站用交流系统异常和故障处理操作事件记录》。
（2）完成评价：

类型	级别	评语
自我评价	良好□ 一般□ 较差□	
组长评价	良好□ 一般□ 较差□	
教师评价	良好□ 一般□ 较差□	

（3）实习心得：
_____
_____
_____
_____
_____
_____
_____
_____

项目 4 异常、故障处理 / 任务 4.4 站用交直流系统异常及故障处理

站用交流系统异常和故障处理汇报单

一、检查汇报（异常和故障现象）

二、紧急处理

三、故障分析及处理方法

四、故障处理过程

项目4 异常、故障处理／任务4.4 站用交直流系统异常及故障处理

子任务4.4.2 站用直流系统异常、故障处理

（1）根据35kV站用系统结构和保护配置情况，研讨总结站用直流系统主要异常、故障现象。

学习资源：① 实训指导活页教材。

② 35kV仿真变电站系统结构图。

（2）教师指导学生按照异常和故障处理步骤，完成站用直流系统异常1（直流母线电压异常）的处理。教师根据评分标准，针对学生异常处理过程中的问题进行点评讲解。

学习资源：① 实训指导活页教材。

②《站用直流系统异常和故障处理汇报单》。

（3）学生根据站用直流系统异常处理方法，完成站用直流系统异常2（蓄电池容量不合格）的处理。教师根据评分标准，指导学生小组互评《站用直流系统异常和故障处理汇报单》，并针对学生故障处理过程中的问题进行点评讲解。

学习资源：① 实训指导活页教材。

②《站用直流系统异常和故障处理汇报单》。

（4）学生完成站用直流系统故障（直流系统接地）的处理。学生小组汇报故障处理过程和方法，教师点评讲解异常处理过程中的问题。

学习资源：① 实训指导活页教材。

②《站用直流系统异常和故障处理汇报单》。

任务完成评价

（1）提交过程资料：

① 提交《站用直流系统异常和故障处理汇报单》。

② 提交《站用直流系统异常和故障处理操作事件记录》。

（2）完成评价：

类型	级别			评语
自我评价	良好☐	一般☐	较差☐	
组长评价	良好☐	一般☐	较差☐	
教师评价	良好☐	一般☐	较差☐	

（3）实习心得：

站用直流系统异常和故障处理汇报单

一、检查汇报（异常和故障现象）

二、紧急处理

三、故障分析及处理方法

四、故障处理过程

项目4 异常、故障处理 / 任务4.5 开关柜异常处理

任务4.5 开关柜异常处理

情境介绍

电气设备在运行中可能会出现设备缺陷、运行异常、动作障碍,严重时会导致事故,影响变电站、电网安全稳定运行。运维人员在巡视过程中发现10kV开关柜本体和部件存在异常现象,请按照35kV变电站异常和故障处理要求,完成10kV开关柜异常处理。

任务说明

(1)按照异常处理流程要求完成开关柜本体异常处理。
(2)按照异常处理流程要求完成开关柜部件异常处理。
(3)总计2课时。

承担角色

工作负责人□ 工作班成员□

任务完成路径

(1)根据10kV开关柜基本结构,研讨总结开关柜本体和结构主要异常现象。
  学习资源:①实训指导活页教材。
       ②继电保护与自动装置参考书。
(2)教师根据异常和故障处理评分标准,指导学生完成10kV开关柜本体异常1(开关柜过热)的处理。教师对故障处理过程中出现的问题进行点评讲解。
  学习资源:①实训指导活页教材。
       ②《10kV开关柜本体异常和故障处理汇报单》。
       ③《10kV开关柜本体异常和故障处理评分标准》。
(3)学生根据开关柜本体故障处理方法和流程,完成10kV开关柜本体异常2(开关柜运行声音异常)的处理。根据评分标准,进行小组互评和教师点评总结。
  学习资源:①实训指导活页教材。
       ②《10kV开关柜本体异常和故障处理汇报单》。
       ③《10kV开关柜本体异常和故障处理评分标准》。
(4)教师根据异常和故障处理评分标准,指导学生完成10kV开关柜部件异常1(开关柜手车位置指示异常)的处理。教师对故障处理过程中出现的问题进行点评讲解。
  学习资源:①实训指导活页教材。
       ②《10kV开关柜部件异常和故障处理汇报单》。
       ③《10kV开关柜部件异常和故障处理评分标准》。
(5)学生根据开关柜本体故障处理方法和流程,完成10kV开关柜部件异常2(开关柜线路侧接地刀开关无法分合闸)的处理。根据评分标准,进行小组互评和教师点评总结。
  学习资源:①实训指导活页教材。
       ②《10kV开关柜部件异常和故障处理汇报单》。

③《10kV开关柜部件异常和故障处理评分标准》。

任务完成评价

（1）提交过程资料：
① 提交《10kV开关柜本体（部件）异常和故障处理汇报单》。
② 提交《10kV开关柜本体（部件）异常和故障处理操作事件记录》。
（2）完成评价：

类型	级别	评语
自我评价	良好□ 一般□ 较差□	
组长评价	良好□ 一般□ 较差□	
教师评价	良好□ 一般□ 较差□	

（3）实习心得：

项目 4　异常、故障处理 / 任务 4.5　开关柜异常处理

10kV 开关柜本体（部件）异常和故障处理汇报单

一、检查汇报（异常和故障现象）
二、紧急处理
三、故障分析及处理方法
四、故障处理过程

项目 5

开关柜检修

任务5.1 开关柜专业巡视

▶情境介绍◀

按照变配电设备管理要求,需要定期对开关柜进行专业巡视和例行检查,监视设备运行状态,发现设备隐患。公司在运维通用管理规定中关于"设备专业巡视"要求一类变电站设备专业巡视每年不少于1次。作为运检班成员,将安排参与本次10kV开关柜专业巡视和例行检查工作。

▶任务说明◀

(1)能编制(填写)开关柜专业巡视和例行检查作业指导卡。
(2)安全、规范地完成开关柜本体、断路器室、电缆室、仪表室专业巡视任务。
(3)安全、规范地完成开关柜例行检查任务。
(4)总计4课时。

▶承担角色◀

操作人□　　监护人□

▶任务完成路径◀

(1)学习开关柜专业巡视与例行检查制度、管理要求。
学习资源:①《运维通用管理规定》。
②电气设备参考书。
(2)应用所学设备知识编制《10kV开关柜专业巡视作业指导卡》与《10kV开关柜例行检查作业指导卡》。在教师的指导下,对编制的作业指导卡进行完善和修正。
学习资源:①实训指导活页教材。
②《10kV开关柜专业巡视作业指导卡》空白版。
③《10kV开关柜例行检查作业指导卡》空白版。
(3)两人一组,轮流担任监护人和操作人,按照《10kV开关柜专业巡视作业指导卡》和《10kV开关柜例行检查作业指导卡》要求,练习35kV仿真变电站10kV开关柜专业巡视和例行检查操作,查找、记录全部缺陷。
学习资源:①PPT。
②《10kV开关柜专业巡视作业指导卡》。

③《10kV开关柜例行检查作业指导卡》。

（4）学习研讨《10kV开关柜专业巡视和例行检查项目评分标准》。

学习资源：《10kV开关柜专业巡视和例行检查项目评分标准》。

（5）两人一组，组间轮流担任操作组和评分组进行实操考核。操作组按照作业指导卡要求，安全规范地完成10kV开关柜专业巡视和例行检查操作，评分组根据评分标准对操作组的工作进行评分。

学习资源：①《10kV开关柜专业巡视作业指导卡》。

②《10kV开关柜例行检查作业指导卡》。

③《10kV开关柜专业巡视和例行检查项目评分标准》。

（6）研讨、撰写实习心得。

任务完成评价

（1）提交过程资料：

① 提交《10kV开关柜专业巡视作业指导卡》。

② 提交《10kV开关柜例行检查作业指导卡》。

③ 提交《10kV开关柜专业巡视和例行检查项目评分标准》(已完成打分)。

（2）完成评价：

类型	级别	评语
自我评价	良好□　一般□　较差□	
组长评价	良好□　一般□　较差□	
教师评价	良好□　一般□　较差□	

（3）实习心得：

项目5　开关柜检修/任务5.1　开关柜专业巡视

＿＿＿＿＿＿变电站10kV开关柜专业巡视作业指导卡

作业卡编号		作业卡编制人			作业卡批准人		
作业地点		巡视范围		开关柜	巡视日期	年　月　日	
巡视类别		巡视开始时间		时　分	巡视终止时间	时　分	
环境温/湿度	℃/　%	天气			巡视人员		
一、巡视准备阶段							
序号	准备工作	内容				执行结果（√）	
1	作业条件						
2	劳动保护措施						
3	钥匙						
4	特殊天气巡视措施						
5	测温仪						
6	通信工具						
二、巡视实施阶段							

1. 检查执行情况

序号	设备名称	设备部位	巡视内容/巡视标准	结论
1				正常□　异常□
2				正常□　异常□
3				正常□　异常□
…	…	…	…	…

2. 设备缺陷及异常记录表

序号	设备名称	巡视时间	缺陷及异常现象
1			
2			
…	…	…	…

三、巡视结束阶段			
内容	注意事项		执行结果（√）
工器具归位			
做好记录			
汇报处理			
作业指导卡执行情况评估	符合性	优	可操作项	
		良	不可操作项	
	可操作性	优	修改项	
		良	遗漏项	
存在问题			
改进意见			

项目5 开关柜检修/任务5.1 开关柜专业巡视

_____变电站开关柜例行检查作业指导卡

作业卡编号		作业卡编制人		作业卡批准人	
设备编号		工作时间	年 月 日 时 分 至 年 月 日 时 分		
作业负责人		检修人员			
一、检修准备阶段					
序号	准备工作	内容			执行结果(√)
1	作业条件				
2	工器具、材料				
3	查勘				
4	工作票				
5	人员要求				
6	备品备件				
7	危险点				
8	安全措施				
二、检修实施阶段					

1. 开工

序号	内容	执行结果(√)	签字
1			
2			
3			
4			
…	…	…	

2. 检修内容及标准

序号	关键工序	质量标准及要求	危险点及措施	执行情况
1				
2				
3				
…	…	…	…	…

变配电运维与检修（任务书）

（续）

3.收工			
序号	内容	执行结果（√）	签字
1			
2			
3			
三、验收记录			

自验收	改进和更换的零部件	
	存在问题及处理意见	
验收单位意见	检修班组自评价及签字	
	检修部门验收意见及签字	
	专业卡执行情况	
	运行单位验收意见及签字	
	公司验收意见及签字	
检修人员签字		

项目5 开关柜检修/任务5.2 开关柜部件更换

任务5.2 开关柜部件更换

情境介绍

某日,仿真变电站10kV电线厂线送电时,10kV开关柜发生异常。经现场实际分析判断,开关柜部件损坏,需要更换。按照变配电设备管理要求,当开关柜部件出现故障时,需要安全规范地进行部件更换工作。

任务说明

(1)能编制(填写)开关柜部件更换作业指导卡。
(2)安全、规范地完成开关柜部件更换任务。
(3)总计2课时。

承担角色

操作人☐   监护人☐

任务完成路径

(1)根据动画回顾开关柜断路器弹簧的工作原理,了解断路器弹簧损坏带来的严重后果。
　　学习资源:①教师讲解。
　　　　　　②开关柜断路器弹簧工作原理动画。
(2)根据错误示例,探讨更换断路器弹簧过程中需要注意的要点。
　　学习资源:①更换断路器弹簧错误示例视频。
　　　　　　②网络查询。
(3)研讨学习更换断路器弹簧的标准流程及具体过程。
　　学习资源:①PPT。
　　　　　　②实训指导活页教材。
(4)应用所学知识,编制《10kV开关柜部件更换作业指导卡》,在教师的指导下,对编制的作业指导卡进行完善和修正。
　　学习资源:①《10kV开关柜部件更换作业指导卡》空白版。
　　　　　　②实训指导活页教材。
(5)两人一组,轮流担任监护人和操作人,按照作业指导卡要求,练习断路器弹簧更换操作。
　　学习资源:《10kV开关柜部件更换作业指导卡》。
(6)学习研讨《10kV开关柜部件更换项目评分标准》。
　　学习资源:《10kV开关柜部件更换项目评分标准》。
(7)两人一组,组间轮流担任操作组和评分组进行实操考核。操作组按照作业指导卡要求,安全规范地完成断路器弹簧更换操作,评分组根据评分标准对操作组的工作进行评分。

学习资源：①《10kV 开关柜部件更换作业指导卡》。
②《10kV 开关柜部件更换项目评分标准》。

（8）研讨、撰写实习心得。

任务完成评价

（1）提交过程资料：
① 提交《10kV 开关柜部件更换作业指导卡》。
② 提交《10kV 开关柜部件更换项目评分标准》（已完成打分）。
（2）完成评价：

类型	级别	评语
自我评价	良好□ 一般□ 较差□	
组长评价	良好□ 一般□ 较差□	
教师评价	良好□ 一般□ 较差□	

（3）实习心得：

___
___
___
___
___
___
___
___

项目5 开关柜检修／任务5.2 开关柜部件更换

<u>　　　　　</u>变电站10kV开关柜部件更换作业指导卡

作业卡编号		作业卡编制人		作业卡批准人	
作业开始时间	年 月 日 时 分	作业结束时间	年 月 日 时 分	作业性质	
作业监护人		作业执行人		作业周期	
一、更换准备阶段					

序号	执行步骤		执行结果（√）
	工作内容	标准及要求	
1	人员要求		
2	工器具、材料		
3	作业风险管控		

二、更换实施项目

序号	执行步骤		执行结果（√）
	工作内容	工序及要求	
1			
2			
3			
4			
5			
6			
7			
8			
9			
10			

三、更换验收阶段

序号	执行步骤		执行结果（√）
	工作内容	标准及要求	
1			
2			
3			验收人：

(续)

作业指导卡执行情况评估	符合性	优		可操作项	
		良		不可操作项	
	可操作性	优		修改项	
		良		遗漏项	
存在问题					
改进意见					

项目 5　开关柜检修 / 任务 5.3　开关柜处缺

任务 5.3　开关柜处缺

▶ 情境介绍 ◀

某日，仿真变电站 10kV 电线厂线送电时，监控后台来"断路器控制回路断线"信号，且开关柜综保装置发"控制回路断线"信号。经现场实际分析判断，开关柜二次回路中断路器控制回路出现故障。按照变配电设备管理要求，当开关柜二次回路出现故障时，需要安全规范地进行缺陷排查、处理工作。

▶ 任务说明 ◀

（1）能填写开关柜处缺工作票。
（2）能应用二次回路知识，安全、规范完成开关柜缺陷排查、处理工作。
（3）总计 4 课时。

▶ 承担角色 ◀

操作人□　　监护人□

▶ 任务完成路径 ◀

（1）回顾二次回路相关知识点及二次回路故障查找方法。
学习资源：① 教师讲解。
　　　　　② 10kV 开关柜二次回路接线图。
（2）根据错误示例，探讨处缺过程中的要点。
学习资源：处缺错误示例视频。
（3）研讨开关柜处缺的标准流程及具体过程。
学习资源：① PPT。
　　　　　② 实训指导活页教材。
（4）应用所学知识，填写《10kV 开关柜断路器控制回路故障排查工作票》，在教师的指导下，对填写的工作票进行完善和修正。
学习资源：①《10kV 开关柜断路器控制回路故障排查工作票》空白版。
　　　　　② 实训指导活页教材。
（5）两人一组，轮流担任监护人和操作人，按照工作票要求，练习 10kV 开关柜断路器控制回路故障排查操作。
学习资源：《10kV 开关柜断路器控制回路故障排查工作票》。
（6）学习研讨《10kV 开关柜断路器控制回路故障排查项目评分标准》。
学习资源：《10kV 开关柜断路器控制回路故障排查项目评分标准》。
（7）两人一组，组间轮流担任操作组和评分组进行实操考核。操作组按照工作票要求，安全规范地完成 10kV 开关柜断路器控制回路故障排查操作，评分组根据评分标准对操作组的工作进行评分。
学习资源：①《10kV 开关柜断路器控制回路故障排查工作票》。

②《10kV 开关柜断路器控制回路故障排查项目评分标准》。

（8）研讨、撰写实习心得。

任务完成评价

（1）提交过程资料：

① 提交《10kV 开关柜断路器控制回路故障排查工作票》。

② 提交《10kV 开关柜断路器控制回路故障排查项目评分标准》(已完成打分)。

（2）完成评价：

类型	级别			评语
自我评价	良好☐	一般☐	较差☐	
组长评价	良好☐	一般☐	较差☐	
教师评价	良好☐	一般☐	较差☐	

（3）实习心得：

_____
_____
_____
_____
_____
_____
_____

项目 5 开关柜检修 / 任务 5.3 开关柜处缺

10kV 开关柜断路器控制回路故障排查工作票

　　　　　　变电站第___种工作票(　　)字第___号
本工作票依据　　调字(　　)号设备检修票许可

1. 工作负责人（监护人）：_____　　班组：_____
2. 工作班人员（不包括工作负责人）：_____　共___人
3. 工作的变电站名称及设备双重名称：
_____
4. 工作任务：

工作地点及设备双重名称	工作内容

5. 计划工作时间：
　　自_____年___月___日___时___分
　　至_____年___月___日___时___分
6. 安全措施（必要时可附页绘图说明）：

工作地点保留带电部分或注意事项 （工作票签发人填写）	补充工作地点保留带电部分和安全措施 （工作许可人填写）

* 已执行栏目及接地线编号由工作许可人填写。
　　工作票签发人签名：_____　　签发日期：_____年___月___日___时___分
　　工作票双签发人签名：_____　　签发日期：_____年___月___日___时___分
7. 收到工作票时间：_____年___月___日___时___分
　　变电运维人员签名：_____　　工作负责人签名：_____
8. 确认本工作票 1～7 项：
　　工作许可人签名：_____　　工作负责人签名：_____
　　许可开始工作时间：_____年___月___日___时___分
9. 确认工作负责人布置的任务和本施工项目安全措施：
　　工作班组人员签名：_____
_____
10. 工作负责人变动情况：
　　原工作负责人_____离去，变更_____为工作负责人
　　变更时间：_____年___月___日___时___分

变配电运维与检修（任务书）

工作票签发人签名：_____ 工作许可人签名：_____

工作人员变动情况：（增添人员姓名、变动日期及时间）

增添人员姓名	日	时	分	工作负责人	离去人员姓名	日	时	分	工作负责人

11. 工作票延期：

经调度员/运行值班负责人_____同意

有效期延长到____年___月___日___时___分

工作负责人签名：_____　　　　____年___月___日___时___分

工作许可人/运行值班负责人签名：_____　　　　____年___月___日___时___分

12. 每日（次）开工和收工时间[使用一天（次）的工作票不必填写]：

收工时间				工作负责人	工作许可人	开工时间				工作负责人	工作许可人
月	日	时	分			月	日	时	分		

13. 临时安全措施：

在_____装设_____临时保安接地线。

工作负责人签名：_____　　　　____年___月___日___时___分

装设在_____的临时保安接地线已全部拆除。

工作负责人签名：_____　　　　____年___月___日___时___分

14. 工作终结：

全部工作于_____年___月___日___时___分结束，设备及安全措施已恢复至开工前状态，工作人员已全部撤离，材料工具已清理完毕，工作已终结。

工作负责人签名：_____ 工作许可人签名：_____

15. 工作票终结：

临时遮栏、标示牌已拆除，常设遮栏已恢复。未拆除接地线或拉开的接地线编号_____等共____组，未拉开接地刀闸（小车）编号_____等共____副（台）。已汇报调度值班员_____。

工作许可人签名：_____　　　　____年___月___日___时___分

16. 备注：

（1）指定专责监护人_____　负责监护_____

_____

（地点及具体工作）

　　（2）其他事项：_____

_____

项目 6

开关柜试验

任务 6.1　开关柜直流电阻测量

子任务 6.1.1　导电主回路电阻测量

▶ **情境介绍**

开关柜运行时间达到试验周期，为了发现运行中设备的隐患，预防事故发生或设备损坏，需测量其直流电阻，掌握设备状态，防止导电回路出现接触电阻过大现象，产生过热引起事故。作为试验班成员，将安排参与本次导电主回路电阻测量工作。

▶ **任务说明**

（1）安全、规范地完成10kV电线厂线开关柜手车导电主回路电阻测量任务。
（2）总计2课时。

▶ **承担角色**

工作负责人☐　　工作班组成员1☐　　工作班组成员2☐

▶ **任务完成路径**

（1）根据动画认识断路器内部结构，认识断路器导电主回路，了解导电主回路电阻过大带来的严重后果，认识导电主回路电阻测量的重要性。
　　学习资源：① 教师讲解。
　　　　　　　② 断路器内部结构动画。
（2）根据试验原理，掌握试验接线及试验仪器使用方法。
　　学习资源：① PPT及教师讲解。
　　　　　　　② 网络查询。
（3）研讨学习导电主回路电阻测量的标准流程及具体过程。
　　学习资源：① PPT。
　　　　　　　② 实训指导活页教材。
（4）应用所学知识，编制《10kV开关柜导电主回路电阻测量作业指导卡》，在教师的指导下，对编制的作业指导卡进行完善和修正。
　　学习资源：① PPT。

②《10kV 开关柜导电主回路电阻测量作业指导卡》空白版。
③实训指导活页教材。

（5）三人一组，轮流担任工作负责人和工作班组成员，按照作业指导卡要求，练习导电主回路电阻测量任务。

学习资源：《10kV 开关柜导电主回路电阻测量作业指导卡》。

（6）学习研讨《10kV 开关柜导电主回路电阻测量任务评分标准》。

学习资源：《10kV 开关柜导电主回路电阻测量任务评分标准》。

（7）三人一组，组间轮流担任操作组和评分组进行实操考核。操作组按照作业指导卡要求，安全规范地完成导电主回路电阻测量任务，评分组根据评分标准对操作组的工作进行评分。

学习资源：①《10kV 开关柜导电主回路电阻测量作业指导卡》。
②《10kV 开关柜导电主回路电阻测量任务评分标准》。

（8）研讨、撰写实习心得。

▶▲ 任务完成评价 ▲◀

（1）提交过程资料：
① 提交《10kV 开关柜导电主回路电阻测量作业指导卡》。
② 提交《10kV 开关柜导电主回路电阻测量任务评分标准》（已完成打分）。

（2）完成评价：

类型	级别	评语
自我评价	良好□ 一般□ 较差□	
组长评价	良好□ 一般□ 较差□	
教师评价	良好□ 一般□ 较差□	

（3）实习心得：

_____
_____
_____
_____
_____
_____
_____

项目6 开关柜试验／任务6.1 开关柜直流电阻测量

_____变电站10kV开关柜导电主回路电阻测量作业指导卡

一、作业信息

设备双重编号		工作时间		作业卡编号	
检测环境	温度： ℃	湿度： %	检测分类	停电试验	
工作负责人					
工作班成员					

二、工器具与仪器仪表（根据试验项目填写）

序号	名称	型号规格	单位	数量	备注

三、工序要求

序号	关键工序	质量标准及要求	风险辨识与预控措施	执行情况
1		10kV开关柜导电主回路电阻测量的准备工作		
1.1	仪器设备准备			
1.2	检查设备			
1.3	工作人员就位			
1.4	待测信息收集			

(续)

序号	关键工序	质量标准及要求	风险辨识与预控措施	执行情况
2		10kV开关柜导电主回路电阻测量过程		
2.1	工作申请			
2.2	检查设备			
2.3	连接试验接线			
2.4	连接试验电源			
2.5	导电回路电阻测量			
2.6	记录填写			
2.7	拆除试验电源			
3		试验结束		
3.1	自验收			
3.2	工作汇报			

四、试验总结

序号	试验项目	单位	技术要求	试验结果			负责人签字
1	断路器主回路电阻测量	$\mu\Omega$	额定电流：630A 手车式：≤65	A相	B相	C相	
2	存在问题及处理意见						
3	结论						

项目6 开关柜试验／任务6.1 开关柜直流电阻测量

子任务6.1.2 分合闸线圈电阻测量

情境介绍

真空断路器分合闸线圈作为分合闸回路中的重要部件,与断路器的可靠动作密切相关。当电力系统发生事故时,如果高压真空断路器因分闸回路故障而出现拒动现象,将造成越级分闸,严重扩大事故,致使大面积停电。而当合闸回路故障导致断路器无法可靠合闸时,将使线路无法恢复供电,严重影响供电可靠性。分合闸线圈直流电阻作为该部件最重要的电气参数之一,决定着分合闸脱扣器的工作性能。因此,真空断路器交接试验中要准确测定分合闸线圈直流电阻,只有合适的分合闸线圈直流电阻,才能保证断路器正常可靠工作。作为试验班成员,将安排参与本次分合闸线圈直流电阻测量工作。

任务说明

(1)安全、规范地完成10kV电线厂线开关柜真空断路器分合闸线圈电阻测量任务。
(2)总计2课时。

承担角色

工作负责人□　　工作班组成员1□　　工作班组成员2□

任务完成路径

(1)根据动画认识断路器内部结构,了解断路器分合闸线圈动作原理,认识分合闸线圈电阻测量的重要性。
　　学习资源:①教师讲解。
　　　　　　②断路器动作原理动画。
(2)根据试验原理,掌握试验接线及试验仪器使用方法。
　　学习资源:①PPT及教师讲解。
　　　　　　②网络查询。
(3)研讨学习断路器分合闸线圈电阻测量的标准流程及具体过程。
　　学习资源:①PPT。
　　　　　　②实训指导活页教材。
(4)应用所学知识,编制《10kV开关柜断路器分合闸线圈电阻测量作业指导卡》,在教师的指导下,对编制的作业指导卡进行完善和修正。
　　学习资源:①PPT。
　　　　　　②《10kV开关柜断路器分合闸线圈电阻测量作业指导卡》空白版。
　　　　　　③实训指导活页教材。
(5)三人一组,轮流担任工作负责人和工作班组成员,按照作业指导卡要求,练习断路器分合闸线圈电阻测量任务。
　　学习资源:《10kV开关柜断路器分合闸线圈电阻测量作业指导卡》。

变配电运维与检修（任务书）

（6）学习研讨《10kV 开关柜断路器分合闸线圈电阻测量任务评分标准》。

学习资源：《10kV 开关柜断路器分合闸线圈电阻测量任务评分标准》。

（7）三人一组，组间轮流担任操作组和评分组进行实操考核。操作组按照作业指导卡要求，安全规范地完成断路器分合闸线圈电阻测量任务，评分组根据评分标准对操作组的工作进行评分。

学习资源：①《10kV 开关柜断路器分合闸线圈电阻测量作业指导卡》。
　　　　　②《10kV 开关柜断路器分合闸线圈电阻测量任务评分标准》。

（8）研讨、撰写实习心得。

任务完成评价

（1）提交过程资料：

① 提交《10kV 开关柜断路器分合闸线圈电阻测量作业指导卡》。

② 提交《10kV 开关柜断路器分合闸线圈电阻测量任务评分标准》（已完成打分）。

（2）完成评价：

类型	级别	评语
自我评价	良好□　一般□　较差□	
组长评价	良好□　一般□　较差□	
教师评价	良好□　一般□　较差□	

（3）实习心得：

_____
_____
_____
_____
_____
_____
_____

项目6 开关柜试验 / 任务6.1 开关柜直流电阻测量

_____变电站10kV开关柜断路器分合闸线圈电阻测量作业指导卡

一、作业信息

设备双重编号		工作时间		作业卡编号	
检测环境	温度： ℃	湿度： %	检测分类	停电试验	
工作负责人					
工作班成员					

二、工器具与仪器仪表（根据试验项目填写）

序号	名称	型号规格	单位	数量	备注

三、工序要求

序号	关键工序	质量标准及要求	风险辨识与预控措施	执行情况
1	10kV开关柜断路器分合闸线圈电阻测量的准备工作			
1.1	仪器设备准备			
1.2	检查设备			
1.3	工作人员就位			
1.4	待测信息收集			

(续)

序号	关键工序	质量标准及要求	风险辨识与预控措施	执行情况
2	10kV 开关柜断路器分合闸线圈电阻测量过程			
2.1	工作申请			
2.2	检查设备			
2.3	连接试验接线			
2.4	连接试验电源			
2.5	断路器分合闸线圈电阻测量			
2.6	记录填写			
2.7	拆除试验电源			
3	试验结束			
3.1	自验收			
3.2	工作汇报			

四、试验总结

序号	试验项目	单位	技术要求	试验结果		负责人签字
				分闸线圈	合闸线圈	
1	断路器分合闸线圈电阻测量					
2	存在问题及处理意见					
3	结论					

任务 6.2　开关柜绝缘电阻测量

子任务 6.2.1　断路器绝缘电阻测量

▶ 情境介绍 ◀

开关柜运行时间达到试验周期，需要对开关柜小车断路器进行绝缘电阻测量，掌握设备状态，防止绝缘缺陷引起事故。作为试验班成员，将安排参与本次断路器绝缘电阻测量工作。

▶ 任务说明 ◀

（1）安全、规范地完成 10kV 电线厂线开关柜真空断路器绝缘电阻测量任务。
（2）总计 2 课时。

▶ 承担角色 ◀

工作负责人□　　工作班组成员 1□　　工作班组成员 2□

▶ 任务完成路径 ◀

（1）根据试验原理，掌握试验接线及试验仪器使用。
学习资源：① PPT 及教师讲解。
　　　　　② 网络查询。
（2）研讨学习断路器绝缘电阻测量的标准流程及具体过程。
学习资源：① PPT。
　　　　　② 实训指导活页教材。
（3）应用所学知识，编制《10kV 开关柜断路器绝缘电阻测量作业指导卡》，在教师的指导下，对编制的作业指导卡进行完善和修正。
学习资源：① PPT。
　　　　　②《10kV 开关柜断路器绝缘电阻测量作业指导卡》空白版。
　　　　　③ 实训指导活页教材。
（4）三人一组，轮流担任工作负责人和工作班组成员，按照作业指导卡要求，练习断路器绝缘电阻测量任务。
学习资源：《10kV 开关柜断路器绝缘电阻测量作业指导卡》。
（5）学习研讨《10kV 开关柜断路器绝缘电阻测量任务评分标准》。
学习资源：《10kV 开关柜断路器绝缘电阻测量任务评分标准》。
（6）三人一组，组间轮流担任操作组和评分组进行实操考核。操作组按照作业指导卡要求，安全规范地完成断路器绝缘电阻测量任务，评分组根据评分标准对操作组的工作进行评分。

变配电运维与检修(任务书)

学习资源:①《10kV开关柜断路器绝缘电阻测量作业指导卡》。
②《10kV开关柜断路器绝缘电阻测量任务评分标准》。
(7)研讨、撰写实习心得。

▶▲ 任务完成评价 ▲◀

(1)提交过程资料:
① 提交《10kV开关柜断路器绝缘电阻测量作业指导卡》。
② 提交《10kV开关柜断路器绝缘电阻测量任务评分标准》(已完成打分)。
(2)完成评价:

类型	级别	评语
自我评价	良好□ 一般□ 较差□	
组长评价	良好□ 一般□ 较差□	
教师评价	良好□ 一般□ 较差□	

(3)实习心得:

_____
_____
_____
_____
_____
_____
_____
_____

项目6 开关柜试验 / 任务6.2 开关柜绝缘电阻测量

＿＿＿＿＿变电站10kV开关柜断路器绝缘电阻测量作业指导卡

一、作业信息

设备双重编号		工作时间		作业卡编号	
检测环境	温度：　　℃	湿度：　　%		检测分类	停电试验
工作负责人					
工作班成员					

二、工器具与仪器仪表（根据试验项目填写）

序号	名称	型号规格	单位	数量	备注

三、工序要求

序号	关键工序	质量标准及要求	风险辨识与预控措施	执行情况
1	10kV开关柜断路器绝缘电阻测量的准备工作			
1.1	仪器设备准备			
1.2	检查设备			
1.3	工作人员就位			
1.4	待测信息收集			

(续)

序号	关键工序	质量标准及要求	风险辨识与预控措施	执行情况
2		10kV 开关柜断路器绝缘电阻测量过程		
2.1	工作申请			
2.2	检查设备			
2.3	连接试验接线			
2.4	连接试验电源			
2.5	断路器绝缘电阻测量			
2.6	记录填写			
2.7	拆除试验电源			
3		试验结束		
3.1	自验收			
3.2	工作汇报			

四、试验总结

序号	试验项目	单位	技术要求	试验结果			负责人签字
1	断路器绝缘电阻测量			相对地	A	B	C	
				断口间	A	B	C	
2	存在问题及处理意见						
3	结论						

项目 6　开关柜试验／任务 6.2　开关柜绝缘电阻测量

子任务 6.2.2　电压互感器绝缘电阻测量

▶ 情境介绍 ◀

开关柜运行时间达到试验周期，需要对电压互感器进行绝缘电阻测量，电压互感器用于变换电压，供继电保护或自动控制等装置使用，其工作可靠性对电力系统的安全经济运行具有重要意义。作为试验班成员，应掌握电压互感器设备状态，防止绝缘缺陷引起事故，故安排参与本次电压互感器绝缘电阻测量工作。

▶ 任务说明 ◀

（1）安全、规范地完成 10kV 电线厂线开关柜电压互感器绝缘电阻测量任务。
（2）总计 1 课时。

▶ 承担角色 ◀

工作负责人□　　工作班组成员 1□　　工作班组成员 2□

▶ 任务完成路径 ◀

（1）根据试验原理，掌握试验接线及试验仪器使用方法。
学习资源：① PPT 及教师讲解。
　　　　　② 网络查询。
（2）研讨学习电压互感器绝缘电阻测量的标准流程及具体过程。
学习资源：① PPT。
　　　　　② 实训指导活页教材。
（3）应用所学知识，编制《10kV 开关柜电压互感器绝缘电阻测量作业指导卡》，在教师的指导下，对编制的作业指导卡进行完善和修正。
学习资源：① PPT。
　　　　　②《10kV 开关柜电压互感器绝缘电阻测量作业指导卡》空白版。
　　　　　③ 实训指导活页教材。
（4）三人一组，轮流担任工作负责人和工作班组成员，按照作业指导卡要求，练习电压互感器绝缘电阻测量任务。
学习资源：《10kV 开关柜电压互感器绝缘电阻测量作业指导卡》。
（5）学习研讨《10kV 开关柜电压互感器绝缘电阻测量任务评分标准》。
学习资源：《10kV 开关柜电压互感器绝缘电阻测量任务评分标准》。
（6）三人一组，组间轮流担任操作组和评分组进行实操考核。操作组按照作业指导卡要求，安全规范地完成电压互感器绝缘电阻测量任务，评分组根据评分标准对操作组的工作进行评分。
学习资源：①《10kV 开关柜电压互感器绝缘电阻测量作业指导卡》。
　　　　　②《10kV 开关柜电压互感器绝缘电阻测量任务评分标准》。

（7）研讨、撰写实习心得。

任务完成评价

（1）提交过程资料：
① 提交《10kV 开关柜电压互感器绝缘电阻测量作业指导卡》。
② 提交《10kV 开关柜电压互感器绝缘电阻测量任务评分标准》（已完成打分）。

（2）完成评价：

类型	级别	评语
自我评价	良好□ 一般□ 较差□	
组长评价	良好□ 一般□ 较差□	
教师评价	良好□ 一般□ 较差□	

（3）实习心得：

项目6 开关柜试验 / 任务6.2 开关柜绝缘电阻测量

_____变电站10kV开关柜电压互感器绝缘电阻测量作业指导卡

一、作业信息

设备双重编号			工作时间		作业卡编号	
检测环境	温度：	℃	湿度：	%	检测分类	停电试验
工作负责人						
工作班成员						

二、工器具与仪器仪表（根据试验项目填写）

序号	名称	型号规格	单位	数量	备注

三、工序要求

序号	关键工序	质量标准及要求	风险辨识与预控措施	执行情况
1		10kV开关柜电压互感器绝缘电阻测量的准备工作		
1.1	仪器设备准备			
1.2	检查设备			
1.3	工作人员就位			
1.4	待测信息收集			

(续)

序号	关键工序	质量标准及要求	风险辨识与预控措施	执行情况
2		10kV 开关柜电压互感器绝缘电阻测量过程		
2.1	工作申请			
2.2	检查设备			
2.3	连接试验接线			
2.4	连接试验电源			
2.5	电压互感器绝缘电阻测量			
2.6	记录填写			
2.7	拆除试验电源			
3		试验结束		
3.1	自验收			
3.2	工作汇报			

四、试验总结

序号	试验项目	单位	技术要求	试验结果		负责人签字
1	电压互感器绝缘电阻测量			主电容绝缘电阻		
				分压电容绝缘电阻		
				二次绕组绝缘电阻		
2	存在问题及处理意见					
3	结论					

项目6 开关柜试验/任务6.2 开关柜绝缘电阻测量

子任务6.2.3 电流互感器绝缘电阻测量

情境介绍

开关柜运行时间达到试验周期,需要对电流互感器进行绝缘电阻测量,电流互感器用于变换电流,供继电保护或自动控制等装置使用,其工作可靠性对电力系统的安全经济运行具有重要意义。作为试验班成员,应掌握电流互感器设备状态,防止绝缘缺陷引起事故,故安排参与本次电流互感器绝缘电阻测量工作。

任务说明

(1)安全、规范地完成10kV电线厂线开关柜电流互感器绝缘电阻测量任务。
(2)总计1课时。

承担角色

工作负责人☐　　工作班组成员1☐　　工作班组成员2☐

任务完成路径

(1)根据试验原理,掌握试验接线及试验仪器使用方法。
学习资源:①PPT及教师讲解。
②网络查询。
(2)研讨学习电流互感器绝缘电阻测量的标准流程及具体过程。
学习资源:①PPT。
②实训指导活页教材。
(3)应用所学知识,编制《10kV开关柜电流互感器绝缘电阻测量作业指导卡》,在教师的指导下,对编制的作业指导卡进行完善和修正。
学习资源:①PPT。
②《10kV开关柜电流互感器绝缘电阻测量作业指导卡》空白版。
③实训指导活页教材。
(4)三人一组,轮流担任工作负责人和工作班组成员,按照作业指导卡要求,练习电流互感器绝缘电阻测量任务。
学习资源:《10kV开关柜电流互感器绝缘电阻测量作业指导卡》。
(5)学习研讨《10kV开关柜电流互感器绝缘电阻测量任务评分标准》。
学习资源:《10kV开关柜电流互感器绝缘电阻测量任务评分标准》。
(6)三人一组,组间轮流担任操作组和评分组进行实操考核。操作组按照作业指导卡要求,安全规范地完成电流互感器绝缘电阻测量任务,评分组根据评分标准对操作组的工作进行评分。
学习资源:①《10kV开关柜电流互感器绝缘电阻测量作业指导卡》。
②《10kV开关柜电流互感器绝缘电阻测量任务评分标准》。

（7）研讨、撰写实习心得。

任务完成评价

（1）提交过程资料：

①提交《10kV 开关柜电流互感器绝缘电阻测量作业指导卡》。

②提交《10kV 开关柜电流互感器绝缘电阻测量任务评分标准》（已完成打分）。

（2）完成评价：

类型	级别	评语
自我评价	良好□ 一般□ 较差□	
组长评价	良好□ 一般□ 较差□	
教师评价	良好□ 一般□ 较差□	

（3）实习心得：

_____
_____
_____
_____
_____
_____
_____

项目6 开关柜试验 / 任务6.2 开关柜绝缘电阻测量

_____变电站10kV开关柜电流互感器绝缘电阻测量作业指导卡

一、作业信息

设备双重编号		工作时间		作业卡编号	
检测环境	温度: ℃	湿度: %	检测分类	停电试验	
工作负责人					
工作班成员					

二、工器具与仪器仪表(根据试验项目填写)

序号	名称	型号规格	单位	数量	备注

三、工序要求

序号	关键工序	质量标准及要求	风险辨识与预控措施	执行情况
1		10kV开关柜电流互感器绝缘电阻测量的准备工作		
1.1	仪器设备准备			
1.2	检查设备			
1.3	工作人员就位			
1.4	待测信息收集			

(续)

序号	关键工序	质量标准及要求	风险辨识与预控措施	执行情况
2	10kV 开关柜电流互感器绝缘电阻测量过程			
2.1	工作申请			
2.2	检查设备			
2.3	连接试验接线			
2.4	连接试验电源			
2.5	电流互感器绝缘电阻测量			
2.6	记录填写			
2.7	拆除试验电源			
3	试验结束			
3.1	自验收			
3.2	工作汇报			

四、试验总结

序号	试验项目	单位	技术要求	试验结果		负责人签字
1	电流互感器绝缘电阻测量			主绝缘电阻		
				末屏绝缘电阻		
2	存在问题及处理意见					
3	结论					

项目 6　开关柜试验／任务 6.3　断路器机械特性试验

任务 6.3　断路器机械特性试验

情境介绍

断路器作为绝缘装置，在电网中起着重要的作用，控制和保护电网其他设备，当它发生故障时会引起电网事故，继而引发安全事故。而机械故障是引起高压断路器故障的主要原因，通过加强对断路器机械特性的在线监测，能及时了解断路器的工作状态和缺陷部位，提高检修的针对性，降低维修费用，显著提高电力系统的可靠性。作为试验班成员，将安排参与本次断路器机械特性试验工作。

任务说明

（1）安全、规范地完成 10kV 电线厂线开关柜断路器机械特性试验任务。
（2）总计 4 课时。

承担角色

工作负责人□　　工作班组成员 1□　　工作班组成员 2□

任务完成路径

（1）根据动画认识断路器内部结构，了解断路器机械特性，认识断路器机械特性试验的重要性。
　　学习资源：①教师讲解。
　　　　　　　②断路器内部结构动画。
（2）根据试验原理，掌握试验接线及试验仪器使用。
　　学习资源：①PPT 及教师讲解。
　　　　　　　②网络查询。
（3）研讨学习断路器机械特性试验的标准流程及具体过程。
　　学习资源：①PPT。
　　　　　　　②实训指导活页教材。
（4）应用所学知识，编制《10kV 开关柜断路器机械特性试验作业指导卡》，在教师的指导下，对编制的作业指导卡进行完善和修正。
　　学习资源：①PPT。
　　　　　　　②《10kV 开关柜断路器机械特性试验作业指导卡》空白版。
　　　　　　　③实训指导活页教材。
（5）三人一组，轮流担任工作负责人和工作班组成员，按照作业指导卡要求，练习断路器机械特性试验任务。
　　学习资源：《10kV 开关柜断路器机械特性试验作业指导卡》。
（6）学习研讨《10kV 开关柜断路器机械特性试验任务评分标准》。
　　学习资源：《10kV 开关柜断路器机械特性试验任务评分标准》。
（7）三人一组，组间轮流担任操作组和评分组进行实操考核。操作组按照作业指导卡要求，安全规范地完成断路器机械特性试验任务，评分组根据评分标准对操作组的工作进行评分。

学习资源：①《10kV 开关柜断路器机械特性试验作业指导卡》。

②《10kV 开关柜断路器机械特性试验任务评分标准》。

（8）研讨、撰写实习心得。

任务完成评价

（1）提交过程资料：

① 提交《10kV 开关柜断路器机械特性试验作业指导卡》。

② 提交《10kV 开关柜断路器机械特性试验任务评分标准》(已完成打分)。

（2）完成评价：

类型	级别	评语
自我评价	良好□ 一般□ 较差□	
组长评价	良好□ 一般□ 较差□	
教师评价	良好□ 一般□ 较差□	

（3）实习心得：

_____
_____
_____
_____
_____
_____
_____

项目6 开关柜试验／任务6.3 断路器机械特性试验

_____变电站10kV开关柜断路器机械特性试验作业指导卡

一、作业信息

设备双重编号		工作时间		作业卡编号	
检测环境	温度： ℃	湿度： %	检测分类	停电试验	
工作负责人					
工作班成员					

二、工器具与仪器仪表（根据试验项目填写）

序号	名称	型号规格	单位	数量	备注

三、工序要求

序号	关键工序	质量标准及要求	风险辨识与预控措施	执行情况
1		10kV开关柜断路器机械特性试验的准备工作		
1.1	仪器设备准备			
1.2	检查设备			
1.3	工作人员就位			
1.4	待测信息收集			
2		10kV开关柜断路器机械特性试验过程		
2.1	工作申请			
2.2	检查设备			
2.3	连接试验接线			
2.4	连接试验电源			
2.5	断路器机械特性试验数据测量			
2.6	记录填写			
2.7	拆除试验电源			
3		试验结束		
3.1	自验收			
3.2	工作汇报			

四、试验总结

序号	试验项目	技术要求	试验结果					负责人签字
1	断路器机械特性试验		合闸（电压）	A相	B相	C相	相间同期	
			1					
			2					
			3					
			同期					
			平均合闸速度		合闸时间			
			分闸（电压）	A相	B相	C相	相间同期	
			1					
			2					
			3					
			同期					
			平均分闸速度		分闸时间			
2	存在问题及处理意见							
3	结论							

项目 7

保护校验

任务 7.1 开关柜交直流回路检验

子任务 7.1.1 模拟量、开关量回路检验

▶ **情境介绍** ◀

某日，仿真变电站 10kV 电线厂线突然停电，保护测控装置事故报告显示电流Ⅲ段保护启动并作用于断路器跳闸，但线路未发生故障。经调查发现，保护测控装置在未通入电压电流时，其电流显示为 0.4A，而负荷电流为 0.3A，电流Ⅲ段保护整定值为 0.6A，导致线路在带负荷运行时电流Ⅲ段误启动，致使断路器误动。按照电网及设备对继电保护装置的要求，当继电保护或自动装置回路的正确性、保护动作的性能出现问题时，需要安全规范地完成保护测控装置的模拟量、开关量回路检验工作。

▶ **任务说明** ◀

（1）安全、规范完成 10kV 电线厂线开关柜保护测控装置模拟量、开关量检验工作任务。
（2）总计 4 课时。

▶ **承担角色** ◀

工作负责人□　　工作班组成员 1□　　工作班组成员 2□

▶ **任务完成路径** ◀

（1）根据真实事故案例带来的严重后果，了解保护测控装置模拟量、开关量回路检验工作的重要性。
　　学习资源：① 教师讲解。
　　　　　　　② 事故案例。
（2）根据开关柜相关图样，熟悉保护测控装置模拟量、开关量回路的接线。
　　学习资源：开关柜相关图样。
（3）研讨学习保护测控装置模拟量、开关量检验的标准流程及具体过程。
　　学习资源：① PPT。
　　　　　　　② 实训指导活页教材。

(4)应用所学知识编制《10kV 开关柜保护测控装置模拟量、开关量检验作业指导卡》,在教师的指导下,对编制的作业指导卡进行完善和修正。

学习资源:① PPT。
② 实训指导活页教材。
③《10kV 开关柜保护测控装置模拟量、开关量检验作业指导卡》空白版。

(5)三人一组,轮流担任工作负责人和工作班组成员,按照作业指导卡要求,练习保护测控装置模拟量、开关量检验任务。

学习资源:《10kV 开关柜保护测控装置模拟量、开关量检验作业指导卡》。

(6)学习研讨《10kV 开关柜保护测控装置模拟量、开关量检验项目评分标准》。

学习资源:《10kV 开关柜保护测控装置模拟量、开关量检验项目评分标准》。

(7)三人一组,组间轮流担任操作组和评分组进行实操考核。操作组按照作业指导卡要求,安全规范地完成保护测控装置模拟量、开关量检验任务,评分组根据评分标准对操作组的工作进行评分。

学习资源:①《10kV 开关柜保护测控装置模拟量、开关量检验作业指导卡》。
②《10kV 开关柜保护测控装置模拟量、开关量检验项目评分标准》。

(8)研讨、撰写实习心得。

任务完成评价

(1)提交过程资料:
① 提交《10kV 开关柜保护测控装置模拟量、开关量检验作业指导卡》。
② 提交《10kV 开关柜保护测控装置模拟量、开关量检验项目评分标准》(已完成打分)。

(2)完成评价:

类型	级别			评语
自我评价	良好□	一般□	较差□	
组长评价	良好□	一般□	较差□	
教师评价	良好□	一般□	较差□	

(3)实习心得:

_____
_____
_____
_____
_____
_____
_____

项目7 保护校验 / 任务7.1 开关柜交直流回路检验

_____变电站10kV开关柜保护测控装置
模拟量、开关量检验作业指导卡

一、作业信息

设备双重编号		工作时间		作业卡编号	
环境测试	温度：		湿度：		
工作负责人					
工作班成员					

二、工作前准备

1. 工器具与仪器仪表

序号	名称	型号规格	单位	数量	备注
签名					

2. 危险点分析及控制措施

序号	危险点	控制措施

3. 二次工作安全措施

序号	安全措施内容	执行情况	责任人签字

三、工序要求

序号	关键工序	质量标准及要求	检验结果	责任人签字
1		通电前检查		
	1.1			
	1.2			
2		反事故措施检查		
	2.1			
	2.2			
3		绝缘检查		
	3.1			
	3.2			
4		通电检查		
	4.1			
	4.2			
5		模拟量精度检查		
	5.1			

(续)

序号	关键工序	质量标准及要求	检验结果	责任人签字
	5.2			
6		开入量输入回路检查		
	6.1			
	6.2			
7				
8				
9				
10				

四、检查项目

零漂检查记录表

项目	I_A	I_B	I_C	$3I_0$	U_A	U_B	U_C	$3U_0$
零漂值								

采样通道一致性检查记录表

项目	额定电流	相序	输入电流	保护装置采样值	外部表计测量值	检查结果
采样通道一致性检查						

采样通道线性度检查记录表

项目	额定电压	相序	输入电压	保护装置采样值	外部表计测量值	检查结果
采样通道线性度检查						

数据模拟量输入相位特性检查记录表

项目	输入电压	输入电流	相位差	显示值角度	测量值角度	检查结果
数据模拟量输入相位特性检查						

开入量输入检查记录表（附事件记录）

项目 7 保护校验 / 任务 7.1 开关柜交直流回路检验

子任务 7.1.2 输出触头及输出信号检验

▶ 情境介绍 ◀

根据供电公司安排,仿真变电站 10kV 电线厂线将于下周投入运行。按照电网及设备对继电保护装置的要求,对于新安装的继电保护或自动装置,为检查检验各开出触头是否正确动作,需要安全规范地完成保护测控装置的输出触头及输出信号检验工作。

▶ 任务说明 ◀

(1)安全、规范完成 10kV 电线厂线开关柜保护测控装置输出触头及输出信号检验工作任务。

(2)总计 4 课时。

▶ 承担角色 ◀

工作负责人□　　工作班组成员 1□　　工作班组成员 2□

▶ 任务完成路径 ◀

(1)根据真实事故案例,了解保护测控装置输出触头及输出信号检验工作的重要性。
学习资源:① 教师讲解。
　　　　　② 事故案例。
(2)根据开关柜相关图样,熟悉保护测控装置输出触头及输出信号对应的回路及接线。
学习资源:开关柜相关图样。
(3)研讨学习保护测控装置输出触头及输出信号检验的标准流程及具体过程。
学习资源:① PPT。
　　　　　② 实训指导活页教材。
(4)应用所学知识编制《10kV 开关柜保护测控装置输出触头及输出信号检验作业指导卡》,在教师的指导下,对编制的作业指导卡进行完善和修正。
学习资源:① PPT。
　　　　　② 实训指导活页教材。
　　　　　③《10kV 开关柜保护测控装置输出触头及输出信号检验作业指导卡》空白版。
(5)三人一组,轮流担任工作负责人和工作班组成员,按照作业指导卡要求,练习保护测控装置输出触头及输出信号检验任务。
学习资源:《10kV 开关柜保护测控装置输出触头及输出信号检验作业指导卡》。
(6)学习研讨《10kV 开关柜保护测控装置输出触头及输出信号检验项目评分标准》。
学习资源:《10kV 开关柜保护测控装置输出触头及输出信号检验项目评分标准》。
(7)三人一组,组间轮流担任操作组和评分组进行实操考核。操作组按照作业指导卡要求,安全规范地完成保护测控装置输出触头及输出信号检验任务,评分组根据评分标准对操作组的工作进行评分。

变配电运维与检修（任务书）

学习资源：①《10kV 开关柜保护测控装置输出触头及输出信号检验作业指导卡》。
②《10kV 开关柜保护测控装置输出触头及输出信号检验项目评分标准》。
（8）研讨、撰写实习心得。

▶ 任务完成评价 ◀

（1）提交过程资料：
① 提交《10kV 开关柜保护测控装置输出触头及输出信号检验作业指导卡》。
② 提交《10kV 开关柜保护测控装置输出触头及输出信号检验项目评分标准》(已完成打分)。
（2）完成评价：

类型	级别	评语
自我评价	良好□ 一般□ 较差□	
组长评价	良好□ 一般□ 较差□	
教师评价	良好□ 一般□ 较差□	

（3）实习心得：

_____
_____
_____
_____
_____
_____
_____

项目7 保护校验／任务7.1 开关柜交直流回路检验

＿＿＿＿＿＿10kV开关柜保护测控装置
输出触头及输出信号检验作业指导卡

一、作业信息

设备双重编号		工作时间		作业卡编号	
环境测试	温度：		湿度：		
工作负责人					
工作班成员					

二、工作前准备

1. 工器具与仪器仪表

序号	名称	型号规格	单位	数量	备注
签名					

2. 危险点分析及控制措施

序号	危险点	控制措施

3. 二次工作安全措施

序号	安全措施内容	执行情况	责任人签字

三、工序要求

序号	关键工序	质量标准及要求	检验结果	责任人签字
1		通电前检查		
	1.1			
	1.2			
	1.3			
	1.4			
	1.5			
	1.6			
	1.7			

(续)

序号	关键工序	质量标准及要求	检验结果	责任人签字
	1.8			
	1.9			
	1.10			
2		反事故措施检查		
	2.1			
	2.2			
	2.3			
	2.4			
	2.5			
3		绝缘检查		
	3.1			
	3.2			
	3.3			
	3.4			
	3.5			
	3.6			
4		通电检查		
	4.1			
	4.2			
	4.3			
	4.4			
	4.5			
	4.6			
5		开出传动测试		
	5.1			
	5.2			
6				
7				
8				
9				

四、检查项目

输出触头及输出信号检查记录表

检查项目	现象	检测结果

项目 7 保护校验 / 任务 7.2 开关柜电流保护装置校验

任务 7.2 开关柜电流保护装置校验

子任务 7.2.1 过电流保护校验

情境介绍

新投入运行的仿真变电站 10kV 电线厂线在试运行期间断路器跳闸,事故报告显示电流Ⅲ段保护启动致使断路器跳闸,但线路未发生故障。经调查发现,在模拟输入 0.95 倍Ⅲ段整定值电流时,保护装置会发生误动。按照电网及设备对继电保护装置的要求,对于新安装的继电保护或自动装置,为检查过电流保护动作逻辑、重合闸后加速保护动作逻辑等,需要安全规范地完成过电流保护校验工作。

任务说明

(1)安全、规范地完成 10kV 电线厂线开关柜保护装置过电流保护校验任务。
(2)总计 4 课时。

承担角色

工作负责人□　　工作班组成员 1□　　工作班组成员 2□

任务完成路径

(1)根据动画回顾阶段式电流保护和重合闸及加速保护的动作过程,了解过电流保护校验工作的重要性。
　　学习资源:① 教师讲解。
　　　　　　② 动画资源。
(2)研讨学习过电流保护校验的标准流程及具体过程。
　　学习资源:① PPT。
　　　　　　② 实训指导活页教材。
　　　　　　③ 继电保护测试仪与测控装置之间的接线视频。
(3)根据错误操作示范视频,探讨过电流保护校验中的要点及危险点分析。
　　学习资源:① 过电流保护校验错误操作示范视频。
　　　　　　② 网络查询。
(4)应用所学知识编制《10kV 开关柜保护装置过电流保护校验作业指导卡》,在教师的指导下,对编制的作业指导卡进行完善和修正。
　　学习资源:① PPT。
　　　　　　② 实训指导活页教材。
(5)三人一组,轮流担任工作负责人和工作班组成员,按照作业指导卡要求,练习过电流保护校验任务。

变配电运维与检修（任务书）

学习资源：《10kV 开关柜保护装置过电流保护校验作业指导卡》空白版。

（6）学习研讨《10kV 开关柜保护装置过电流保护校验项目评分标准》。

学习资源：《10kV 开关柜保护装置过电流保护校验项目评分标准》。

（7）三人一组，组间轮流担任操作组和评分组进行实操考核。操作组按照作业指导卡要求，安全规范地完成过电流保护校验任务，评分组根据评分标准对操作组的工作进行评分。

学习资源：①《10kV 开关柜保护装置过电流保护校验作业指导卡》。

②《10kV 开关柜保护装置过电流保护校验项目评分标准》。

（8）研讨、撰写实习心得。

任务完成评价

（1）提交过程资料：

① 提交《10kV 开关柜保护装置过电流保护校验作业指导卡》。

② 提交《10kV 开关柜保护装置过电流保护校验项目评分标准》（已完成打分）。

（2）完成评价：

类型	级别			评语
自我评价	良好□	一般□	较差□	
组长评价	良好□	一般□	较差□	
教师评价	良好□	一般□	较差□	

（3）实习心得：

_____
_____
_____
_____
_____
_____
_____
_____

项目 7　保护校验 / 任务 7.2　开关柜电流保护装置校验

_____变电站10kV开关柜保护装置
过电流保护校验作业指导卡

一、作业信息

设备双重编号		工作时间		作业卡编号	
环境测试	温度：		湿度：		
工作负责人					
工作班成员					

二、工作前准备

1. 工器具与仪器仪表

序号	名称	型号规格	单位	数量	备注
签名					

2. 危险点分析及控制措施

序号	危险点	控制措施

3. 二次工作安全措施

序号	安全措施内容	执行情况	责任人签字

三、工序要求

序号	关键工序	质量标准及要求	检验结果	责任人签字
1		通电前检查		
	1.1			
	1.2			
2		反事故措施检查		
	2.1			
	2.2			
3		绝缘检查		
	3.1			
	3.2			
4		通电检查		
	4.1			
	4.2			
5		过电流保护动作逻辑检查		
	5.1			

(续)

序号	关键工序	质量标准及要求	检验结果	责任人签字
	5.2			
6		后加速保护动作逻辑检查		
7		重合闸测试		
8				
9				
10				
11				

四、校验记录

单相故障过电流保护校验记录表（以 A 相为例）

保护类型	整定值 /A	整定时间 /s	电流倍数	电流值 /A	动作时间 /s	检验结果	责任人签字
瞬时电流速断保护							
限时电流速断保护							
定时限过电流保护							

两相故障过电流保护校验记录表（以 AB 相为例）

保护类型	整定值 /A	整定时间 /s	电流倍数	电流值 /A	动作时间 /s	检验结果	责任人签字
瞬时电流速断保护							
限时电流速断保护							
定时限过电流保护							

三相故障过电流保护校验记录表

保护类型	整定值 /A	整定时间 /s	电流倍数	电流值 /A	动作时间 /s	检验结果	责任人签字
瞬时电流速断保护							
限时电流速断保护							
定时限过电流保护							

重合闸及加速定值校验记录表

校验项目	定值	校验值	校验结果	负责人签字
重合闸动作时间				
重合过流加速段				

项目 7　保护校验 / 任务 7.2　开关柜电流保护装置校验

子任务 7.2.2　保护装置整组传动试验

▶ 情境介绍 ◀

某日，仿真变电站 10kV 电线厂线线路末端发生短路故障，但本线路断路器未跳闸，上级线路断路器出现越级跳闸现象。经调查发现，电线厂线开关柜断路器二次回路出现绝缘损坏导致跳闸回路接地，致使断路器拒动。按照电网及设备对继电保护装置要求，排故后的继电保护或自动装置，为检测回路的正确性、保护动作的性能，需要安全规范地完成保护装置整组传动试验。

▶ 任务说明 ◀

（1）安全、规范地完成 10kV 电线厂线开关柜保护装置整组传动试验任务
（2）总计 2 课时。

▶ 承担角色 ◀

工作负责人☐　　工作班组成员 1☐　　工作班组成员 2☐

▶ 任务完成路径 ◀

（1）根据真实事故案例视频，了解保护装置整组传动试验工作的内容及其重要性
学习资源：① 教师讲解。
　　　　　② 事故案例视频。
　　　　　③ 教师 PPT。
（2）研讨学习 10kV 开关柜保护装置整组传动试验标准流程及具体过程。
学习资源：① 教师 PPT。
　　　　　② 实训指导活页教材。
　　　　　③ 继电保护测试仪与测控装置之间的接线视频。
（3）根据错误操作示范视频，探讨 10kV 开关柜保护装置整组传动试验标准流程中需要注意的要点及危险点分析
学习资源：① 整组传动试验错误操作示范视频。
　　　　　② 网络查询。
（4）应用所学知识编制《10kV 开关柜保护装置整组传动试验作业指导卡》，在教师的指导下，对编制的作业指导卡进行完善和修正。
学习资源：① 教师 PPT。
　　　　　② 实训指导活页教材。
（5）三人一组，轮流担任工作负责人和工作班组成员，按照作业指导卡要求，练习保护装置整组传动试验任务。
学习资源：《10kV 开关柜保护装置整组传动试验作业指导卡》空白版。
（6）学习研讨《10kV 开关柜保护装置整组传动试验项目评分标准》。

变配电运维与检修（任务书）

学习资源：《10kV 开关柜保护装置整组传动试验项目评分标准》。

（7）三人一组，组间轮流担任操作组和评分组进行实操考核。操作组按照作业指导卡要求，安全规范地完成过保护装置整组传动试验任务，评分组根据评分标准对操作组的工作进行评分。

学习资源：①《10kV 开关柜保护装置整组传动试验作业指导卡》。
②《10kV 开关柜保护装置整组传动试验项目评分标准》。

（8）研讨、撰写实习心得。

▶ 任务完成评价 ◀

（1）提交过程资料要求：
① 提交《10kV 开关柜保护装置整组传动试验作业指导卡》。
② 提交《10kV 开关柜保护装置整组传动试验项目评分标准》（已完成打分）。

（2）完成评价：

类型	级别	评语
自我评价	良好□　一般□　较差□	
组长评价	良好□　一般□　较差□	
教师评价	良好□　一般□　较差□	

（3）实习心得：

_____
_____
_____
_____
_____
_____
_____
_____

项目7 保护校验/任务7.2 开关柜电流保护装置校验

_____变电站10kV开关柜保护装置
整组传动试验作业指导卡

一、作业信息

设备双重编号		工作时间		作业卡编号	
环境测试	温度:		湿度:		
工作负责人					
工作班成员					

二、工作前准备

1. 工器具与仪器仪表

序号	名称	型号规格	单位	数量	备注
签名					

2. 危险点分析及控制措施

序号	危险点	控制措施

3. 二次工作安全措施

序号	安全措施内容	执行情况	责任人签字

三、工序要求

序号	关键工序	质量标准及要求	检验结果	责任人签字
1		通电前检查		
	1.1			
	1.2			
	1.3			
	1.4			
	1.5			
	1.6			
	1.7			
	1.8			
	1.9			

(续)

序号	关键工序	质量标准及要求	检验结果	责任人签字
	1.10			
2		反事故措施检查		
	2.1			
	2.2			
	2.3			
	2.4			
	2.5			
3		绝缘检查		
	3.1			
	3.2			
	3.3			
	3.4			
	3.5			
	3.6			
4		通电检查		
	4.1			
	4.2			
	4.3			
	4.4			
	4.5			
	4.6			
5		模拟短路故障		
	5.1			
	5.2			
6		模拟手合故障线路		
7				
8				
9				
10				

四、校验记录

整定值：

校验项目	相序	保护动作情况	断路器动作情况	重合闸动作情况	出口时间	TWJ动作时间	灯光、信号
外加瞬时性短路故障							
外加永久性短路故障							
手合							
偷跳							

项目 7　保护校验 / 任务 7.3　电流保护及重合闸整定

任务 7.3　电流保护及重合闸整定

子任务 7.3.1　保护整定

◆ 情境介绍 ◆

根据政府和供电公司规划，本年度将对 10kV 电线厂线的供电负荷和网络参数重新规划，规划后的电线厂线供电负荷增大、供电可靠性提升，但原保护装置设定的三段式电流保护不能正确地动作于断路器。按照电网及设备对继电保护装置的要求，为保证新安装的继电保护或自动装置正常工作，需要规范地完成保护装置的整定值计算工作。

◆ 任务说明 ◆

（1）根据负荷和网络参数对 10kV 电线厂线三段式电流保护进行整定。
（2）根据要求对 10kV 电线厂线重合闸装置进行整定。
（3）总计 6 课时。

◆ 承担角色 ◆

工作负责人□　　工作班组成员 1□　　工作班组成员 2□

◆ 任务完成路径 ◆

（1）回顾 10kV 三段式电流保护构成原理和重合闸装置动作逻辑，了解保护参数的整定原则。
　　学习资源：① PPT。
　　　　　　② 教师讲授。
（2）根据案例要求，确定 10kV 线路电流保护整定条件及有关系数。
　　学习资源：① PPT。
　　　　　　② 实训指导活页教材。
　　　　　　③ 案例。
（3）根据案例要求，按整定条件初选 10kV 线路电流保护整定值，按电网可能出现的最小运行方式校验灵敏度。
　　学习资源：① PPT。
　　　　　　② 实训指导活页教材。
　　　　　　③ 案例。
（4）根据案例要求，选择重合闸方式及整定重合闸时间。
　　学习资源：① PPT。
　　　　　　② 实训指导活页教材。
　　　　　　③ 案例。

（5）三人一组，轮流担任工作负责人和工作班组成员，根据10kV电线厂线负荷和网络参数，练习10kV线路三段式电流保护和重合闸装置整定计算。

学习资源：10kV电线厂线路负荷和网络参数。

（6）学习研讨《10kV开关柜三段式电流及重合闸整定项目评分标准》。

学习资源：《10kV开关柜三段式电流及重合闸整定项目评分标准》。

（7）三人一组，组间轮流担任操作组和评分组进行实操考核。操作组按照10kV电线厂线负荷和网络参数要求，规范地对10kV线路三段式电流保护和重合闸装置进行整定计算，评分组根据评分标准对操作组的工作进行评分。

学习资源：①《10kV开关柜保护装置参数设定输入项目评分标准》。
　　　　　②10kV电线厂线负荷和网络参数。

（8）研讨、撰写实习心得。

任务完成评价

（1）提交过程资料要求：

①10kV电线厂线负荷和网络参数。

②提交《10kV开关柜保护装置参数设定输入项目评分标准》（已完成打分）。

③三段式电流及重合闸整定计算过程。

（2）完成评价：

类型	级别			评语
自我评价	良好□	一般□	较差□	
组长评价	良好□	一般□	较差□	
教师评价	良好□	一般□	较差□	

（3）实习心得：

项目7 保护校验/任务7.3 电流保护及重合闸整定

子任务7.3.2 保护装置参数设定

▶ 情境介绍 ◀

某日,仿真变电站10kV电线厂线线路发生瞬时性短路,重合闸装置未启动,经调查发现,造成事故的原因是新入职的工作班组成员在保护测控装置中误将重合闸控制字设置为0,导致线路发生故障后不能重合闸,造成区域供电可靠性降低。按照供电公司理要求,保护定值通知单由调度运行部门下发,当接收到保护定值通知单后,需要安全规范地完成开关柜保护装置参数设定输入工作。

▶ 任务说明 ◀

(1)安全、规范地完成10kV电厂线开关柜保护装置参数设定输入工作。
(2)总计2课时。

▶ 承担角色 ◀

工作负责人☐   工作班组成员1☐   工作班组成员2☐

▶ 任务完成路径 ◀

(1)根据保护装置整定错误的事故案例,了解误整定保护装置参数带来的严重后果。
学习资源:① PPT。
② 案例。
(2)研讨学习开关柜保护装置参数设定输入的标准流程及具体过程。
学习资源:① PPT。
② 实训指导活页教材。
③ 开关柜保护装置参数设定输入动画。
(3)应用所学知识编制《10kV开关柜保护装置参数设定输入作业指导卡》,在教师的指导下,对编制的作业指导卡进行完善和修正。
学习资源:① PPT。
② 实训指导活页教材。
(4)三人一组,轮流担任工作负责人和工作班组成员,按照作业指导卡要求,练习开关柜保护装置参数查看、修改和设定输入工作。
学习资源:①《10kV开关柜保护装置参数设定输入作业指导卡》。
② 保护定值通知单。
(5)学习研讨《10kV开关柜保护装置参数设定输入项目评分标准》。
学习资源:《10kV开关柜保护装置参数设定输入项目评分标准》。
(6)三人一组,组间轮流担任操作组和评分组进行实操考核。操作组按照作业指导卡要求,安全规范地完成开关柜保护装置参数查看、修改和设定输入工作任务,评分组根据评分标准对操作组的工作进行评分。

变配电运维与检修（任务书）

　　学习资源：①《10kV 开关柜保护装置参数设定输入作业指导卡》。
　　　　　　②《10kV 开关柜保护装置参数设定输入项目评分标准》。
　　　　　　③保护定值通知单。
（7）研讨、撰写实习心得。

◆ 任务完成评价 ◆

（1）提交过程资料要求：
① 提交《10kV 开关柜保护装置参数设定输入作业指导卡》。
② 提交《10kV 开关柜保护装置参数设定输入项目评分标准》（已完成打分）。
③ 保护定值通知单。
（2）完成评价：

类型	级别			评语
自我评价	良好□	一般□	较差□	
组长评价	良好□	一般□	较差□	
教师评价	良好□	一般□	较差□	

（3）实习心得：

_____
_____
_____
_____
_____
_____
_____

项目7 保护校验/任务7.3 电流保护及重合闸整定

_____10kV开关柜保护装置参数设定输入作业指导卡

一、作业信息

设备双重编号		工作时间		作业卡编号	
环境测试	温度:		湿度:		
工作负责人					
工作班成员					

二、工作前准备

1. 工器具与仪器仪表

序号	名称	型号规格	单位	数量	备注
签名					

2. 危险点分析及控制措施

序号	危险点	控制措施
签名		

变配电运维与检修(任务书)

3. 二次工作安全措施

序号	安全措施内容	执行情况	责任人签字

三、执行步骤(以输入某一参数为例)

序号	工作步骤	标准及要求	执行结果
1			
2			
3			
4			
5			
6			
7			

四、保护装置定值单(打印)

推荐书目

69076	电厂锅炉设备及运行	陈丽霞 谢 新
69252	变配电运维与检修	廖自强 鲁爱斌
	电力系统继电保护与自动装置	郑秀玉
63901	电力系统分析 第2版	张家安

机工教育微信服务号

ISBN 978-7-111-69252-2

定价：65.00元

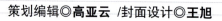

策划编辑◎高亚云 /封面设计◎王旭